普通高等教育电子信息类课改系列教材

"互联网+"基础与应用

主　编　高泽涵　惠钢行　卢　伟　梅　琪
副主编　马文娟　肖　红　吕　雪
主　审　李建忠

西安电子科技大学出版社

内 容 简 介

本书围绕"互联网+"的基础知识,结合教学实践,从互联网的发展、"互联网+"的国家战略和思维、"互联网+"与云及终端之间的关系出发,深入探讨了"互联网+"给社会、人们生活和工作带来的巨大改变及影响。本书共分四章,具体内容包括:"互联网+"简介、"互联网+"的基础应用、"互联网+"的应用模式与平台、"互联网+"的安全与道德。

本书内容难度适中,语言通俗易懂,每章都给出具体的案例和思考题,是一本"互联网+"特色教材。

本书适合高等职业院校作为创新创业教材、公共通识类教材或者专业选修课教材,以拓展学生视野,也可以作为专业工作人员的学习和参考书。

图书在版编目(CIP)数据

"互联网+"基础与应用/高泽涵等主编. —西安:西安电子科技大学出版社,2018.2
(2023.7 重印)
ISBN 978–7–5606–4783–8

Ⅰ. ① 互…　　Ⅱ. ① 高…　　Ⅲ. ① 互联网络—应用　　Ⅳ. ① TP393.4

中国版本图书馆 CIP 数据核字(2017)第 304841 号

策　　划　毛红兵
责任编辑　刘炳桢　毛红兵
出版发行　西安电子科技大学出版社(西安市太白南路 2 号)
电　　话　(029)88202421　88201467　　邮　　编　710071
网　　址　www.xduph.com　　　　电子邮箱　xdupfxb001@163.com
经　　销　新华书店
印刷单位　陕西日报印务有限公司
版　　次　2018 年 2 月第 1 版　　2023 年 7 月第 4 次印刷
开　　本　787 毫米×1092 毫米　1/16　印张 9
字　　数　207 千字
印　　数　7001～8000 册
定　　价　26.00 元
ISBN 978 – 7 – 5606 – 4783 – 8/TP
XDUP 5085001–4

＊＊＊ 如有印装问题可调换 ＊＊＊

前　言

在全球化和信息技术革命的推动下，"互联网+"经济已经成为世界经济发展的一大趋势。面对这种趋势所带来的挑战与机遇，任何组织机构和个人都需要具有应对不确定性和复杂性的能力，都需要借助"互联网+"思维方式来实现组织机构和个人的创新与成长。

本书向读者，尤其是对互联网、"互联网+"还比较陌生的群体传达一种信息、一种思维方式、一种理念，旨在提升对"互联网+"的理解，帮助组织机构借助"互联网+"思维解决发展中遇到的各种问题。

"互联网+"思维不仅仅是一个概念，其背后正喷薄而出的是工作、生活、商业的大革新与大机遇。本书对在"互联网+"思维下企业如何进行运作、传统企业如何运用互联网思维进行升级转型提供了系统的、可操作的案例指南。

国家供给侧结构性改革释放出巨大的市场活力，每天新增市场主体超过 4 万家。创业者们不仅创造了新的"第一桶金"，也创造出大量的就业岗位，其效果立竿见影，构成就业"快变量"。如何将这个快变量转换为学生的实际就业岗位，本书将结合实际，从大数据、信息搜索、工具和方法等方面给予深入的解读。

让我们张开双臂，拥抱互联网，拥抱互联网思维，拥抱"互联网+"，迎接互联网时代，迎接这个千载难逢的创新时代。

本书由高泽涵、惠钢行、卢伟、梅琪担任主编，马文娟、肖红、吕雪担任副主编。全书由李建忠主审。

由于编者水平有限，书中如有不足之处，敬请广大读者批评指正。

编　者

2017 年 11 月于广州

目 录

第一章 "互联网+" 简介

本章对互联网的发展与组成结构、"互联网+"概念、"互联网+"思维等几个方面进行了深入阐释，重点解析了互联网组成结构，同时，介绍了"互联网+"国家战略、国家政策和制度以及国家互联网的发展态势。另外，结合 BAT(B=百度、A=阿里巴巴、T=腾讯)的所谈所想，剖析了"互联网+"九大思维，为接下来的"互联网+产业"、"互联网+金融"等内容的讲解打下基础。

本章重点是掌握"互联网+"国家战略和透彻理解"互联网+"思维两大内容。

第一节 互联网的发展

2017 年是中国连接全球互联网的第 23 年，随着互联网功能和应用的不断完备以及智能手机的进一步普及，我国网民数量快速攀升。据前瞻数据库数据显示，截至 2016 年末，我国网民数量已达 7.31 亿人，环比上半年的 7.1 亿人增长了 2.96%，同比 2015 年底的 6.88 亿人增长了 6.25%。互联网、云计算、移动互联、大数据等技术不断成熟，其经济性、便利性和性价比越来越高，从而为"互联网+"打开局面，奠定了广泛和坚实的基础，为互联网的发展夯实了物质基础和技术基础。

今天的互联网世界，更多地体现出"+"、体现出融合创新。随着新兴业态的成长及传统业态的升级与转型，"互联网+"成为了经济社会的基础设施，"大数据+"成为了国家和企业赖以生存与发展的战略性资源。

互联网带来的大变革，正催生着各种业态的跨界融合。

一、互联网的发展

1. 互联网的概念

互联网(Internet)又称国际网络或因特网。

21 世纪是计算机网络的时代，通过网络可以将分散在各地的计算机紧密地联系在一起，并完成资源共享、数据传输、实时通信等任务。共享的思想一直贯穿整个网络的发展历史，所以也可以说网络是指利用通信设备、线路连接设备和通信线路将分散在各地的具有自主功能的多个计算机系统连接起来，利用功能完善的网络软件(网络通信协议和网络操作系统等)实现资源共享和信息传递的系统。

互联网是由全世界千千万万台计算机通过 TCP/IP 协议相互连接而成的世界上最大的网络。这个网络还在不断地扩大，不仅新的计算机在持续接入，而且新的技术也在不断融入。简单地说，互联网是指"全球性的信息系统"，它是计算机技术与通信技术相结合的产物，是一个由无数局域网络联结起来的世界性信息传输电子网络。1998 年 5 月联合国新闻委员会年会正式把互联网定为继报纸、广播、电视之后的第四大传播媒体。

2．互联网的起源

互联网源于 1969 年美军牵头组建的阿帕(ARPA)网。阿帕网首先用于军事用途，后将美国西南部的加利福尼亚大学洛杉矶分校、斯坦福大学研究学院、加利福尼亚大学圣巴巴拉分校和犹他州大学的四台主要的计算机连接起来，如图 1-1 所示。

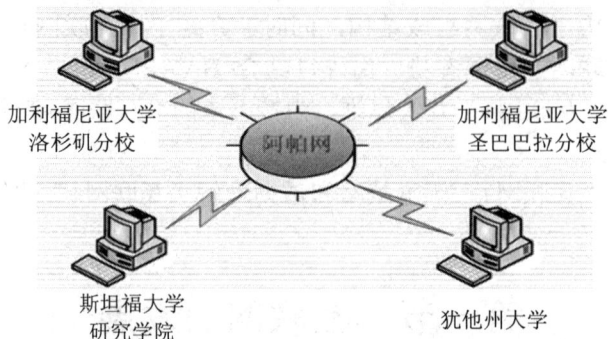

图 1-1 阿帕网

另一个推动 Internet 发展的广域网是 NSF(美国国家科学基金组织)网，它最初是由美国国家科学基金会资助建设的，目的是连接全美的五个超级计算机中心，供 100 多所美国大学共享它们的资源。NSF 网也采用 TCP/IP 协议，且与 Internet 相连。

ARPA 网和 NSF 网的主要目的是为用户提供共享大型主机的宝贵资源。随着接入主机数量的增加，越来越多的人把 Internet 作为通信和交流的工具。一些公司还陆续在 Internet上开展了商业活动。随着 Internet 的商业化，其在通信、信息检索、客户服务等方面的巨大潜力被挖掘出来，使 Internet 的应用有了质的飞跃，互联网的快速发展为世界全球化提供了可能。

3．世界互联网的发展历程

世界互联网的发展迄今为止经历了四个阶段：1969—1985 年为初步形成阶段；1985—1995 年为渐进发展阶段；1995—2003 年为规模高速扩张阶段；2003 年至今为交互式发展和网络传播发展阶段(网络传播发展呈现出两大方向：在"网内"实现 Web2.0 式传播，在"网外"呈现媒体融合状态)。

1) 第一阶段(1969—1985 年)

互联网起源于前苏联和美国冷战时期，两国在冷战时期的高科技及军备竞赛催生了许多新的科学技术。1958 年，美国国防部成立了"国防高级研究项目署"，其目的之一就是建立一个全球高级情报传输系统。工程指导思想是网络必须经受故障的考验而维持正常的工作，一旦发生战争，网络的某一部分因遭受攻击而失去工作能力时，其他部分应能维持正常的通信工作，全网没有控制中心，信息自由流通。

1969 年 11 月 21 日，国防高级研究项目署建成了第一个网络，取名阿帕网(ARPAnet)。这个网络只有两个节点，同年 12 月 5 日网络节点增加为 4 个。此后阿帕网快速发展，到

1981 年节点就增加至 213 个，以后每 20 天就有一个新的节点加入网络。

1977—1979 年，阿帕网推出了目前形式的 TCP/IP 体系结构和协议。1980 年前后，阿帕网上的所有计算机开始了 TCP/IP 协议的转换工作，并以阿帕网为主干网建立了初期的互联网。1981 年，美国计算机网络网上消息栏首次使用。1983 年，阿帕网上的全部计算机完成了向 TCP/IP 的转换。

阿帕网虽然在美国本土不断扩大，但与美国之外的网络系统没有连接。欧洲的科研人员开发出联合学术网(JANET)等网络，经过一段时间的磨合，1984 年与美国阿帕网接通。

2) 第二阶段(1985—1995 年)

1985 年，美国国家科学基金组织(NSF)采用 TCP/IP 协议将分布在美国各地的六个为科研教育服务的超级计算机中心互联，并支持地区网络，形成国家科学基金会网(NSFnet)。1986 年，国家科学基金会替代阿帕网成为互联网的主干网，"Internet"正式使用。1988 年，互联网开始对外开放，结束了仅供计算机研究人员和政府机构使用的历史。1989 年，互联网开始商业用途，一批提供上网服务的公司应运而生。

1989 年，当时英国科学家泰姆伯纳斯·李(TimBerners Lee)和比利时人罗伯特·凯利奥(Robert Calliau)在欧洲粒子物理研究所(CERN)提议和构造了在互联网上使用超文本来发布、分享和管理信息的方法。这是一个相互链接在一起、通过网络浏览器来访问的超文本文档系统。浏览器里看到的网页可能包含文本、图像以及其他的多媒体，通过文档之间的超链接，可以从一个网页浏览到其他网页。同年，美国国家超级计算机应用中心(NCSA)发明了一种超文本(Hypertext)的浏览器，为在互联网上查询浏览各种信息提供了有效的手段，这就是人们现在很熟悉的万维网(World Wide Web)。

1990 年万维网开始在全世界普及。万维网的功能具有两大特点：一是突破了平面文字的限制，可展现图形、动画、声音、影像等，成为令人耳目一新的多媒体信息网络；二是采用了超文本链接技术，这是一种有关采集、储存、管理、浏览离散信息，建立和表示信息之间关系的技术，任何超文本系统都是由存放信息的节点和表示信息之间关系的链组成的。

1991 年 6 月，世界联网的计算机中商业用户首次超过了学术界用户，这是网络发展史上的一个里程碑。在这个时期，大批商业机构开始在互联网络上刊登网页广告，提供各种信息。互联网的用户也不再局限于高校师生和计算机行业的工作人员，互联网真正走入社会。各种传统的大众传媒开始与互联网相融合，开辟了传播的新纪元。

3) 第三阶段(1995—2003 年)

1995 年以后，互联网的发展已到了第三个阶段，也可称之为大规模的国际互联网络阶段，网络传播以其巨大的传播优势向传统的传播媒介和传播方式发起了挑战。从 1995 年 5 月开始，多年资助互联网研究开发的美国国家科学基金会(NSF)宣布退出互联网，把网络经营权转交给美国三家最大的私营电信公司(Sprint、MCI 和 ANS)，这是互联发展史上的重大转折。美国的网络发展从此进入了产业化运营和商业化应用阶段。

这一阶段互联网高速发展态势具体表现在三个方面：一是个人电脑迅速普及；二是电子商务蓬勃发展；三是网络媒体功能凸显。

4) 第四阶段(2003 年至今)

从互联网自身的应用层面上看，2003 年之后被称为"Web2.0 时代"，在此之前的网络应用方式被称为"Web1.0"。Web1.0 的主要特点在于用户通过浏览器获取信息，Web2.0 则更注重用户的交互作用，用户既是网站内容的消费者，也是网站内容的制造者。互联网进入"网商"时代，随着电脑、智能手机已经走入千家万户，网络正在或者已经转变人们的生活、学习、工作等。

Web2.0 的概念源自于 2004 年 3 月美国 O'Reilly 公司和 MediaLive 公司的一次头脑风暴会议。O'Reilly 公司副总裁戴尔·多尔蒂(Dale Dougherty)在会议上指出：互联网比其他任何时候都更重要，令人激动的新应用程序和网站正在以令人惊讶的规律性涌现出来，那些幸免于网络泡沫的公司，其模式都具有相似性，互联网正在经历一种新的变革。在分析了这些新技术与新型网站的模式后，戴尔·道夫与公司总裁蒂姆(Tim O'Reilly)创造性地提出了 Web2.0 的概念。

"媒介融合"(MediaConvergence)概念始于 20 世纪 80 年代的美国，最早由马萨诸塞州理工大学浦尔教授提出，其本意是指各种媒介呈现出多功能一体化的趋势。美国新闻学会媒介研究中心主任安德鲁·尼彻森(Andrew Nachison)将媒介融合定义为"印刷的、音频的、视频的、互动性数字媒体组织之间的战略的、操作的、文化的联盟"。2003 年，美国西北大学教授戈登归纳了美国当时存在的五种"媒介融合"的类型：技术融合、产品融合、业务融合、市场融合和组织融合。

4．中国互联网的发展历程

1) 1986—1993 年：研究实验阶段

在此期间中国一些科研部门和高等院校开始研究 Internet 联网技术，并开展了科研课题和科技合作的工作。这个阶段的网络应用仅限于小范围内的电子邮件服务，而且仅为少数高等院校、研究机构提供服务。

2) 1994—1996 年：起步阶段

1994 年实现了和 Internet 的 TCP/IP 连接，从而开通了 Internet 的全功能服务，中国被国际上正式承认为有互联网的国家，与互联网起源地美国相比相差 20 年。之后，Chinanet、CREnet、CSTnet、ChinaGBnet 等多个互联网络项目在全国范围内相继启动，互联网开始进入中国公众的生活并得到一定的发展。截止到 1996 年，中国的互联网用户数达到 20 万，利用互联网开展的业务与应用也开始逐步增多。

3) 1997—2003 年：快速发展阶段

自 1997 年起，中国的互联网就进入快速发展阶段。统计显示，截止到 2003 年，中国互联网用户从 20 万增长到超过 5000 万。即时通信、免费邮箱、搜索引擎、音乐下载等一时间充满公众视野。2000 年中国三大门户(新浪、网易、搜狐)先后登陆纳斯达克。中国互联网行业第一次浪潮到来。

4) 2004—2008 年：多元发展阶段

依靠对国外互联网现有模式的借鉴，中国的互联网行业亦在努力向前追赶，并从中找到符合中国国情的盈利发展模式。互联网应用呈多元化局面，电子商务、视频网站、社交娱乐、网络游戏、信息检索等全面开花。伴随着中国互联网的新一轮高速增长，中国网民的数量也不断攀升，2008 年 6 月首次大幅度超越美国，达到 2.53 亿。

2007 年，乔布斯的第一代 iPhone 发布。正是这款产品，对整个移动互联网产生了巨大的推进作用。

5) 2009 年至今：移动互联时代

2009 年(3G 元年)iPhone4 的发布，让新浪、微博等社交网络以及基于位置(Location Based Service，LBS)的移动 APP 和手机游戏在移动端上广泛出现。人们花在移动端上的时间越来越多，并有逐渐超过 PC 端的趋势。蕴含 SoLoMoCo 概念(Social、Local、Mobile、Commerce&Cooperrate，社区化、本地化、移动化、商业化和联合化)的移动互联网产品开始对我们生活中的一切进行全面改造。2014 年(4G 元年)O2O 模式的激活，迅速影响着各行各业，中国的传统企业开始思考在互联网时代下应该如何转型的问题。

随着移动互联网蓝皮书《中国移动互联网发展报告(2017)》的正式发布，预示着我国移动互联网已经进入一个平稳的发展阶段。

二、互联网的结构组成及分类

(一) 网络的结构组成

一个完整的计算机网络系统是由网络硬件和网络软件组成的，两者相互作用，共同完成网络功能。

网络硬件是计算机网络系统的物理实现，一般指网络的计算机、传输介质和网络连接设备等。

网络软件是网络系统中的技术支持，一般指网络操作系统、网络通信协议等。

1. 网络硬件的组成

计算机网络硬件系统是由计算机(主机、客户机、终端)、通信处理机(集线器、交换机、路由器)、通信线路(同轴电缆、双绞线、光纤)、信息交换设备(Modem，编码解码器)等构成的。

(1) 主计算机。在一般的局域网中，主机通常被称为服务器，是为客户提供各种服务的计算机，因此对其有一定的技术指标要求，特别是主、辅存储容量及其处理速度要求较高。根据服务器在网络中所提供的服务不同，可将其划分为文件服务器、打印服务器、通信服务器、域名服务器、数据库服务器等。

(2) 网络工作站。除服务器外，网络上的其余计算机主要是通过执行应用程序来完成工作任务的，我们把这种计算机称为网络工作站或网络客户机，它是网络数据主要的发生场所和使用场所，用户通过网络工作站提供的网络资源完成自己的作业。

(3) 网络终端。网络终端是用户访问网络的界面，它可以通过主机联入网内，也可以通过通信控制处理机联入网内。

(4) 通信处理机。通信处理机一方面可作为资源子网的主机、终端连接的接口，将主机和终端连入网内；另一方面又可作为通信子网中分组存储转发结点，实现分组的接收、校验、存储和转发等功能。

(5) 通信线路。通信线路(链路)是指通信处理机与通信处理机之间、通信处理机与主机之间通信的信道。

(6) 信息交换设备。信息交换设备可对信号进行变换，包括调制解调器、无线通信接收和发送器、用于光纤通信的编码解码器等。

2．网络软件的组成

在计算机网络系统中，除了各种网络硬件设备外，还必须具有网络软件。

(1) 网络操作系统。网络操作系统是网络软件中最主要的软件，用于实现不同主机之间的用户通信以及全网硬件和软件资源的共享，并向用户提供统一的、方便的网络接口，便于用户使用网络。目前网络操作系统有三大阵营：UNIX、NetWare 和 Windows。我国使用最广泛的是 Windows 网络操作系统。

(2) 网络协议软件。网络协议是网络通信的数据传输规范，网络协议软件是用于实现网络协议功能的软件。

典型的网络协议软件有 TCP/IP 协议、IPX/SPX 协议、IEEE802 标准协议系列等。其中，TCP/IP 是当前网络互联应用最为广泛的一种网络协议软件。

(3) 网络管理软件。网络管理软件是用来对网络资源进行管理以及对网络进行维护的软件，如性能管理、配置管理、故障管理、计费管理、安全管理、网络运行状态监视与统计等。

(4) 网络通信软件。网络通信软件是用于实现网络中各种设备之间进行通信的软件，用户在不需详细了解通信控制规程的情况下，控制应用程序与多个站点进行通信，并对大量的通信数据进行加工和管理。

(5) 网络应用软件。网络应用软件是为网络用户提供服务的软件，它研究的重点不是网络中各个独立的计算机本身的功能，而是如何实现网络特有的功能。

(二) TCP/IP 协议的数据传输过程

TCP/IP 协议所采用的通信方式是分组交换方式。所谓分组交换，简单地说，就是数据在传输时分成若干段，每个数据段称为一个数据包(TCP/IP 协议的基本传输单位是数据包)。TCP/IP 协议包括两个主要的协议，即 TCP 协议和 IP 协议，它们在数据传输过程中主要完成以下功能：

(1) TCP 协议把数据分成若干数据包，给每个数据包写上序号，以便接收端把数据还原成原来的格式。

(2) IP 协议给每个数据包写上发送主机和接收主机的地址，一旦写上源地址和目的地址，数据包就可以在物理网上传送数据了。IP 协议还具有利用路由算法进行路由选择的功能。

(3) 数据包通过不同的传输途径(路由)进行传输，由于路径不同，加上其他的原因，可能出现顺序颠倒、数据丢失、数据失真甚至重复的现象。这些问题都由 TCP 协议来处理。TCP 协议具有检查和处理错误的功能，必要时还可以请求发送端重发。

简言之，IP 协议负责数据的传输，而 TCP 协议负责数据的可靠传输。

(三) 计算机网络的基本分类

下面列举了常见的网络类型及分类方法并简单介绍其特征。

1．按网络的地理位置分类

(1) 局域网(lan)。局域网是将较小地理区域内的计算机或数据终端设备连接在一起的通信网络。局域网覆盖的地理范围比较小，一般在几十米到几千米之间，通常采用有线的方式连接起来。局域网常用于组建一个办公室、一栋楼、一个楼群、一所校园或一个企业的计算机网络，主要用于实现短距离的资源共享，其特点是分布距离近、传输速率高、数据传输可靠等。

(2) 城域网(man)。城域网是一种大型的 LAN，它的覆盖范围介于局域网和广域网之间，一般为几千米至几万米。城域网的覆盖范围在一个城市内，它将位于一个城市之内不同地点的多个计算机局域网连接起来实现资源共享。城域网所使用的通信设备和网络设备的功能要求比局域网高，可以有效地覆盖整个城市的地理范围。一般在一个大型城市中，城域网可以将多所学校、企事业单位、公司和医院的局域网连接起来共享资源。

(3) 广域网(wan)。广域网是在一个广阔的地理区域内进行数据、语音、图像信息传输的计算机网络。由于远距离数据传输的带宽有限，因此广域网的数据传输速率比局域网要慢得多。广域网可以覆盖一个城市、一个国家甚至于全球。因特网(Internet)是广域网的一种，但它不是一种具体独立性的网络，它将同类或不同类的物理网络(局域网、广域网与城域网)互联，并通过高层协议实现不同类网络间的通信。

局域网是组成其他两种类型网络的基础，城域网一般都加入了广域网。

2．按传输介质分类

(1) 有线网。采用同轴电缆和双绞线连接的计算机网络。同轴电缆是常见的一种联网方式，它比较经济，安装较为便利，传输率和抗干扰能力一般，传输距离较短。双绞线是目前最常见的联网方式，它价格便宜，安装方便，但易受干扰，传输率较低，传输距离比同轴电缆要短。

(2) 光纤网。光纤网也是有线网的一种，但由于其特殊性而单独列出。光纤网采用光导纤维作传输介质，传输距离长，传输率高，可达每秒数千兆位，抗干扰性强，不会受到电子监听设备的监听，是高安全性网络的理想选择。不过由于其价格较高，且需要高水平的安装技术，所以现在尚未普及。

(3) 无线网。采用空气作传输介质，用电磁波作为载体来传输数据，目前无线网联网费用较高，还不太普及。但由于联网方式灵活方便，是一种很有前途的联网方式。

局域网常采用单一的传输介质，而城域网和广域网采用多种传输介质。

3．按网络的拓扑结构分类

网络的拓扑结构是指网络中通信线路和站点(计算机或设备)的几何排列形式。

(1) 星形网。各站点通过点到点的链路与中心站相连，其特点是很容易在网络中增加新的站点，数据的安全性和优先级容易控制，易实现网络监控，但中心节点的故障会引起整个网络瘫痪。

(2) 环形网。各站点通过通信介质连成一个封闭的环形，其特点是容易安装和监控，但容量有限，网络建成后，难以增加新的站点。

(3) 总线型网。网络中所有的站点共享一条数据通道，其特点是安装简单方便，需要铺设的电缆最短，成本低，某个站点的故障一般不会影响整个网络。但介质的故障会导致网络瘫痪，总线型网安全性低，监控比较困难，增加新站点也不如星形网容易。

(4) 树形网、簇星形网、网状网等其他类型拓扑结构的网络都是以上述三种拓扑结构为基础的。

4．按通信方式分类

(1) 点对点传输网络。数据以点到点的方式在计算机或通信设备中传输。星形网、环形网都采用这种传输方式。

(2) 广播式传输网络。数据在共用介质中传输。无线网和总线型网络都属于这种类型。

5．按网络使用的目的分类

(1) 共享资源网。使用者可共享网络中的各种资源，如文件、扫描仪、绘图仪、打印机以及各种服务。Internet 网是典型的共享资源网。

(2) 数据处理网。用于处理数据的网络，例如科学计算网络、企业经营管理用网络。

(3) 数据传输网。用来收集、交换、传输数据的网络，如情报检索网络等。

6．按服务方式分类

(1) 客户机/服务器网。客户机是用户计算机，服务器是指专门提供服务的高性能计算机或专用设备。客户机/服务器网是客户机向服务器发出请求并获得服务的一种网络形式，多台客户机可以共享服务器提供的各种资源。它是最常用、最重要的一种网络类型，不仅适合同类型的计算机联网，也适合不同类型的计算机联网，如 PC 机、MAC 机的混合联网。这种网络安全性容易得到保证，计算机的权限、优先级易于控制，监控容易实现，网络管理能够规范化，网络性能在很大程度上取决于服务器的性能和客户机的数量。目前针对这类网络有很多优化性能的专用服务器。银行、证券公司都采用这种类型的网络。

(2) 对等网。对等网不要求有文件服务器，每台客户机都可以与其他客户机对话，共享彼此的信息资源和硬件资源，组网的计算机一般类型相同。这种网络方式灵活方便，但是较难实现集中管理与监控，安全性也低，较适合部门内部协同工作的小型网络。

7．其他分类方法

按信息传输模式的特点来分类的 ATM 网，网内数据采用异步传输模式，数据以 53 字节单元进行传输，提供高达 1.2 Gb/s 的传输率，具有预测网络延时的能力，可以传输语音、视频等实时信息，是最有发展前途的网络类型之一。

另外还有一些非正规的分类方法：如企业网、校园网等。

从不同的角度对网络有不同的分类方法，每种网络名称都有特殊的含义。几种名称的组合或名称加参数更可以看出网络的特征，如千兆以太网表示传输率高达千兆的总线型网络。了解网络的分类方法和类型特征，是熟悉网络技术的重要基础之一。

第二节　"互联网+"基本概念

"互联网+"代表着一种新的经济形态，它是指依托互联网信息技术实现互联网与传统产业的联合，通过优化生产要素、更新业务体系、重构商业模式等途径来完成经济转型和升级。"互联网+"计划的目的在于充分发挥互联网的优势，将互联网与传统产业深入融合，以产业升级提升经济生产力，最后实现社会财富的增加。

"互联网+"概念的中心词是互联网，它是"互联网+"计划的出发点。"互联网+"计划具体可分为两个层次的内容：一方面，可以将"互联网+"概念中的文字"互联网"与符号"+"分开理解，符号"+"意为加号，即代表着添加与联合，这表明了"互联网+"计划的应用范围为互联网与其他传统产业，它是针对不同产业间发展的一项新计划，应用手段则是通过互联网与传统产业进行联合和深度融合的方式进行的；另一方面，"互联网+"作为一个整体概念，其深层意义是通过传统产业的互联网化完成产业升级的，互联网通过将开放、平等、互动等网络特性在传统产业上的运用，通过大数据的分析与整合试图理清供求关系，通过改造传统产业的生产方式、产业结构来增强经济发展动力以提升效益，从而促进国民经济健康有序发展。

除了对"互联网+"的互联网部分做一个解构，这里也简单地说说其中的"+"。这个"+"可以看做是连接与融合，互联网与传统企业之间的所有部分都包含在这个"+"之中。这里面有政府对"互联网+"的推动、扶植与监督，有企业转型服务商家的服务，有互联网企业对传统企业的不断造访，有传统企业与互联网企业不间断的探讨，还有连接线上与线下的各种设备、技术与模式。总之，这个"+"是政策连接、是技术连接、是人才连接，更是服务连接，最终实现互联网企业与传统企业的对接与匹配，从而完成两者相互融合的历史使命。

在技术上，"+"所指的可能是 WiFi、4G 等无线网络，移动互联网的 LBS，传感器中的各种传感技术，O2O 中的线上、线下连接，场景消费中成千上万的消费，人工智能中的人机交互，3D 打印中的远程打印技术，生产车间中的工业机器人，工业 4.0 中的智能工厂、智能生产与智能物流。

一、"互联网+"概念的提出

国内"互联网+"理念的提出最早可以追溯到 2012 年 11 月，易观国际董事长兼首席执行官于扬在第五届移动互联网博览上首次提出"互联网+"理念。他认为：在未来，"互联网+"公式应该是我们所在的行业的产品和服务，在与我们未来看到的多屏全网跨平台用户场景结合之后产生的这样一种化学公式。我们可以按照这样一个思路找到若干这样的想法，而怎么找到你所在行业的"互联网+"，则是企业需要思考的问题。

2014 年 11 月，李克强总理出席首届世界互联网大会时指出：互联网是大众创业、万众创新的新工具。其中"大众创业、万众创新"正是此次政府工作报告中的重要主题，被称为中国经济提质增效升级的"新引擎"。

2015 年 3 月，在全国两会上，全国人大代表马化腾提交了《关于以"互联网+"为驱动，推进我国经济社会创新发展的建议》的议案，表达了对经济社会创新的建议和看法。他呼吁：我们需要持续以"互联网+"为驱动，鼓励产业创新、促进跨界融合、惠及社会民生，推动我国经济和社会的创新发展。马化腾表示："互联网+"是指利用互联网的平台、信息通信技术把互联网和包括传统行业在内的各行各业结合起来，从而在新领域创造一种新生态。他希望这种生态战略能够被国家采纳，成为国家战略。

2015 年 3 月 5 日上午，在十二届全国人大三次会议上，李克强总理在政府工作报告中首次提出"互联网+"行动计划。李克强总理在政府工作报告中提出：制定"互联网+"行动计划，推动移动互联网、云计算、大数据、物联网等与现代制造业结合，促进电子商务、工业互联网和互联网金融(ITFIN)健康发展,引导互联网企业拓展国际市场。

2015 年 7 月 4 日,经李克强总理签批,国务院印发《关于积极推进"互联网+"行动的指导意见》,这是推动互联网由消费领域向生产领域拓展,加速提升产业发展水平,增强各行业创新能力,构筑经济社会发展新优势和新动能的重要举措。

2015 年 12 月 16 日,第二届世界互联网大会在浙江省桐乡市乌镇开幕。在"互联网+"的论坛上,中国互联网发展基金会联合百度、阿里巴巴、腾讯共同发起倡议,成立中国"互联网+"联盟。

二、"互联网+"国家战略

2015 年 3 月 25 日召开的国务院常务会议提出:打造中国制造业升级版,要顺应"互联网+"的发展趋势。这表明"互联网+"已经处在了国家级战略的高度。

如何理解和把握这个国家战略,包括以下三个方面的内容:

(1) "互联网+"已经是个国策,其落实与执行是有专门的机构和部门参与及推动的;

(2) "互联网+"是个方法论,社会组织、机构、个人都要用这个方法论来指导千万中国企业的转型及升级;

(3) "互联网+"具有极强的使命感,是必须执行与推行的。

2015 年是"互联网+"国家战略实施的第一年,也是政策出台最频繁的一年。

1."互联网+"行动计划

2015 年 3 月,"互联网+"概念首次写入政府工作报告,业界热度几近沸点。各类政策利好促使以 BAT 为代表的互联网领军企业及广大中小互联网新秀公司,纷纷从互联网+金融、+医疗、+教育、+出行、+制造业、+房地产、+旅游等不同垂直领域探索解决方案。"互联网+"基于传统行业现实痛点进行深度挖掘和改造,有利于提升传统产业质量和效率,进而通过创新增强经济持续增长动力,这与当前政府力推的"供给侧改革"高度贴合。

2015 年 6 月 24 日,国务院发布《"互联网+"行动指导意见》,提出促进创业创新、协同制造、现代农业、智慧能源、普惠金融、公共服务、高效物流、电子商务、便捷交通、绿色生态、人工智能等若干能形成新产业模式的重点领域的发展目标,并确定了相关支持措施。

2.《中华人民共和国网络安全法(草案)》

2015 年 6 月,全国人大常委会初审了《中华人民共和国网络安全法(草案)》(以下简称《网络安全法(草案)》),该草案以总体国家安全观为指导,就网络数据和信息安全的保障等问题制定了具体规则,构建了我国网络安全的基本制度。

习近平主席提出:我国要从网络大国迈向网络强国。在这一背景下《网络安全法(草案)》加快立法进程,一是明确我国维护网络空间安全、利益以及参与网络空间国际治理的原则是网络主权原则;二是明确保障关键信息基础设施安全的战略地位和价值;三是将网络数据安全纳入国家网络安全视野;四是明确网络安全监督管理体制建设。《网络安全法(草案)》将国家网络安全战略任务落实为具体的制度安排。

3.《网络预约出租汽车经营服务管理暂行办法(草案)》

2015 年 10 月 10 日，交通运输部为推进出租汽车行业改革，规范网络预约出租汽车发展，促进行业创新发展、转型升级，更好地满足人民群众出行需求，发布《网络预约出租汽车经营服务管理暂行办法(草案)》(以下简称《预约车管理办法》)。

作为共享经济的典型形式，网络约租车在全球发展迅猛，其监管问题也提上日程。《预约车管理办法》肯定了网络约租车的合法性地位，无疑具有重要意义，但其在管车、管人、管平台三个方面的具体规定抬高了市场准入门槛，也可能导致共享经济模式不再是"共享"，而是"专享"，引起全民热议。"互联网+"时代，如何在保障安全的前提下，促进共享经济发展，促进行业创新，将真正考验政策制定者的智慧。

4.《关于实行市场准入负面清单制度的意见》

2015 年 10 月 19 日，国务院提出将从 2015 年 12 月起试行、从 2018 年起全国统一正式实行"市场准入负面清单制度"，推动我国市场准入制度的改革。

在负面清单制度下，国务院以清单方式明确列出在中国境内禁止和限制投资经营的行业、领域、业务等，清单之外的行业、领域、业务各类市场主体(包括境内外投资者)皆可依法平等进入，为此各级政府将依法采取一系列配套管理制度和措施。"市场准入负面清单制度"是我国市场准入制度的顶层设计，将倒逼我国行政审批制度，进一步明确政府的职责边界，深化行政审批制度改革，赋予市场主体更多主动权、激发市场活力，构建更加开放、透明、公平的市场准入管理机制。

5.《中华人民共和国广告法》

2015 年 9 月 1 日，《中华人民共和国广告法》(以下简称《广告法》)开始施行，这也是广告法实施 20 年来的首次修订，修改幅度之大、规定之细致严厉，也被称为"史上最严广告法"。同时工商总局制定的《互联网广告监督管理暂行办法》也开始征求意见。

《广告法》修订顺应了现代广告产业，尤其是互联网广告蓬勃发展的新局面、新情况，首次将互联网广告纳入规范。对广告主、广告发布者和广告经营者的权利义务关系进行了重新梳理定位，强调了广告主是第一责任人；客观评价了网络游戏对未成人的影响，为文化创意产业发展预留空间；将信用档案黑名单制度首次引入广告执法领域。这些规定对规范广告活动、保护消费者的合法权益、促进广告业的健康发展、维护社会经济秩序具有积极意义。

6.《关于促进互联网金融健康发展的指导意见》

2015 年 7 月 18 日，十部委联合发布《关于促进互联网金融健康发展的指导意见》(以下简称《指导意见》)，积极鼓励互联网金融平台、产品和服务创新，鼓励从业机构相互合作，拓宽从业机构融资渠道。

《指导意见》对互联网金融的定义及业态进行了明确说明，提出要积极鼓励互联网金融平台、产品和服务创新，并划分了互联网金融监管职责。互联网支付、网络借贷、股权众筹融资、互联网基金销售、互联网保险、互联网信托和互联网消费金融等互联网金融主要业态在意见中得到认可。人民银行负责互联网支付业务的监督管理，银监会负责网络借贷、互联网信托和互联网消费金融的监督管理,证监会负责股权众筹融资和互联网基金销售的监督管理,保监会负责互联网保险的监督管理。这意味着互联网金融业务在政策上得到承认,由不同主管部门负责不同业态的监管走势逐渐明朗。

7.《关于放开在线数据处理与交易处理业务(经营类电子商务)外资股比限制的通告》

2015 年 6 月 19 日,工业与信息化部发布通告,决定在全国范围内放开在线数据处理与交易处理业务的外资股比限制,外资持股比例可至 100%。

自加入 WTO 以来,中国政府根据入世承诺,逐步在基础电信业务、增值电信业务领域开放业务类型。工业与信息化部于 2014 年出台政策,在上海自贸区新增试点四项开放业务,且不再对应用商店、存储转发业务设置外资股比限制,而在线数据处理与交易处理业务(经营类电子商务)外资股比限制为 55%。2015 年 1 月,工业与信息化部允许在上海自贸区经营电子商务平台的外资股比最高达到 100%。2015 年 6 月,工业与信息化部发文取消部分试点开放业务地域限制,此次则在前述基础上,对在线数据处理与交易处理业务(经营类电子商务)取消持股比例限制。此系列政策的变化,一定程度上反映着中国电信业务逐步开放的趋势,为外资直接进入相应业务领域提供了可能。

8.《"互联网+流通"行动计划》

2015 年 5 月 15 日,商务部发布《"互联网+流通"行动计划》,将在农村电商、线上线下融合以及跨境电商等方面创新流通方式,释放消费潜力,解决电商"最后一公里"和"最后一百米"的问题。此外,国家还颁布了《关于促进跨境电子商务健康快速发展的指导意见》、《关于大力发展电子商务加快培育经济新动力的意见》等政策文件,助力"互联网+电子商务"快速发展。

目前,我国正在实施"互联网+"战略,积极推进"互联网+"行动。"互联网+电子商务"作为其中十一项重点工作之一,其发展的好坏会直接影响到"互联网+"战略的实现。同时,国家陆续出台多份促进电商发展的指导意见,显现了国家在此方面的决心和重视程度,暗含了在经济总体增速持续下降的驱使下,国家寄希望于以电子商务这种经济新模式来推动产业发展,从而加快培育形成经济新动力。

9.《互联网等信息网络传播视听节目管理办法(修订征求意见稿)》

2015 年 6 月 10 日,国务院法制办就《互联网等信息网络传播视听节目管理办法(修订征求意见稿)》(以下简称《管理办法》)公开征求意见。《管理办法》规定:网络广播电视内容服务单位应配备专业节目审查人员,互联网禁止自制时政新闻节目。此外,网络广播电视服务单位应建立网络信息安全管理制度、保障体系和应急处理机制,履行安全保障义务。2015 年 9 月 18 日,最高人民法院、最高人民检察院、公安部、广电总局四部门出台了《关于依法严厉打击非法电视网络接收设备违法犯罪活动的通知》,该通知要求有关部门正确把握法律政策界限,依法严厉打击非法电视网络接收设备违法犯罪活动。2015 年 11 月 6 日,广电总局为了管理电视盒子市场的混乱,屏蔽首批 81 个非法应用。同时,广电总局针对网络电视和电视盒子再次发布禁令,要求七大牌照商对照包括"电视机和盒子不能通过 USB端口安装应用"在内的四点要求自查自纠。

从 2014 年中旬开始,监管部门陆续发文,对于"互联网+电视"加大监管力度,实施严格监管,这一思路一直延续至今。此次管理办法的修订就是将之前严苛的系列监管政策以法律规范形式加以固化,同时,再辅之以高强度的执法行动。二者的有机结合、配套使用,足见监管部门力度和决心之大。其背后已不仅仅是广电总局的监管要求,更是维护国家信息安全的意志体现。未来互联网电视终端的管理、内容的审查将更趋严格。

10.《促进大数据发展行动纲要》

2015年8月31日,国务院印发《促进大数据发展行动纲要》(以下简称《纲要》),系统部署大数据发展工作。《纲要》提出,要加强顶层设计和统筹协调,大力推动政府信息系统和公共数据互联开放共享,加快政府信息平台整合,消除信息孤岛,推进数据资源向社会开放,增强政府公信力,引导社会发展,服务公众企业;以企业为主体,营造宽松公平环境,加大大数据关键技术研发、产业发展和人才培养力度,着力推进数据汇集和发掘,深化大数据在各行业创新应用,促进大数据产业健康发展;完善法规制度和标准体系,科学规范利用大数据,切实保障数据安全。

2015年以来,大数据得到国家高层政策的高度重视。从《纲要》的出台,到10月《中国十八届五中全会公报》和"十三五规划建议"提出实施国家大数据战略,显示出大数据正成为互联网时代的一个核心话题。而且,大数据无论在国计民生、公共服务,还是在商业层面,都可以发挥巨大价值,各大互联网公司都在磨刀霍霍,抢占大数据的制高点。但其中很多法律问题都尚待明确,只有国家法律制度为之保驾护航,大数据才能推动社会方方面面的进步。

国家"互联网+"战略已经覆盖了互联网+工业、互联网+金融、互联网+商贸、互联网+城市建设、互联网+通信、互联网+交通、互联网+民生、互联网+旅游、互联网+教育、互联网+医疗、互联网+政务、互联网+农业等方面。各省市相应的"互联网+"行动配套方案也陆续出台,呼应国家的战略实施。

三、"互联网+"、云和终端之间的关系

云、网、端是"互联网+"应用领域非常流行的概念,是高度抽象概括的概念,是不易理解且易被误解的概念。

"云"是指云计算以及用以支撑云计算的基础设施及资源。云计算比较复杂,非专业人士通常难以理解,一般人只要知道云计算有什么作用就可以了。云计算是用来计算海量复杂的网络数据的技术,也可以说云计算是专门处理大数据的技术。各种各样的信息在云计算中心汇聚,然后根据需要进行处理和分流。云就像电网和自来水一样,云计算中心就像电网的变电站和自来水系统的水库。

一般的企业和机构不具备云的技术和基础设施能力,目前只有少数的大型互联网公司才有云,如阿里云、百度云、腾讯云等。因为大型的互联网公司有数据、有技术、有资源来搭建云。而一般公司要么没有足够的数据,搭建云发挥不了太大的作用,投入太大不划算;要么没有技术,云计算及相关设施的建设需要专业的人才及技术;要么没有足够的资金,云计算中心的建设需要投入很多设备、人力,需要建设相关基础设施。

"网"即网络,通常指互联网。就目前而言,互联网有三个层级:底层是电信网络,中间层是计算机及硬件终端网络,最上面一层是用户及节点网络。电信网络已经由中国电信、移动、联通等公司构建和运营;计算机及硬件终端网络则由华为、中兴等网络通信设

备公司以及由生产计算机、手机等各种硬件终端企业提供产品和技术支持；用户及节点网络，即是由账号及 IP(Internet Protocol，网络协议)组成的网络，如手机号、QQ 号、微信号、淘宝账号、邮件地址、服务器地址等组成的网络。

"端"就是终端，有硬件终端和软件终端之分。硬件终端就是计算机、手机、各种传感器及交互终端等；软件终端就是各种 APP、网页登录界面、软件终端程序等。

云、网、端三者不是割裂的，是相互融合的整体。从三者的发展历程来看，先有端，然后端连接成网，网酝酿出云。1946 年第一台电子计算机诞生；1969 年多台计算机第一次连接成可以相互通信的网络；2006 年提出云计算概念。而在实际的发展中，网络技术的成熟和普及又反过来推动了计算机及各种终端的发展；而云计算的发展又反过来推动了网络的智能化。互联网发展到今天，形成了"云+网+端"的结构，互联网的应用从门户、社交、搜索引擎向零售及传统行业延伸的过程中也会延续这种结构。

第三节 "互联网+"时代

纵观整个互联网的发展史，从互联网诞生到 1.0、2.0 及 3.0 时代，所有的互联网商业模式都是"互联网+传统商业"的模型。1.0 时代是"互联网+信息"，2.0 时代是"互联网+交易"，3.0 时代是"互联网+综合服务"。互联网技术不断推陈，商业模式不但出新，只是万变不离其宗，一直遵循"互联网+360 行"的模式。以此，"互联网+"是互联网融合传统商业并且将其改造成具备互联网属性的新商业模式的一个过程。

经过十多年的发展，互联网从第一阶段——"联"发展到了第二阶段——"互"，也就是人们常说的社交时代。在这个时代，人开始成为互联网上的主体，人们开始在网上生活，电子产品已经成为人们延长的器官。

互联网不再是一种补充，而是主体，未来将是全部。

一、"互联网+"思维

"互联网+"的第一个内涵是"互联网思维+"。互联网思维是指在(移动)互联网、大数据、云计算等科技发展的背景下，对市场、对用户、对产品、对企业价值链甚至对整个商业生态的进行重新审查的思考方式。传统企业融合"互联网+"的第一步是了解互联网，所以了解互联网思维是一个基础的开始。在互联网商业模式的长期发展中，很多互联网企业积累了大量的案例及数据，总结出一套适合自身发展的方法论，这个方法论就可以看做是互联网思维。互联网思维是互联网企业总结出来的，更适合线上的商业模式，所以对传统企业在线下经营不会太适合。"互联网+"要求传统企业先了解互联网思维，然后再结合实际情况探索出新的商业模式。之所以要谈互联网思维，是因为商业世界的逻辑发生了彻底改变。

1. 互联网之前的商业世界

图 1-2 所示为互联网之前的商业世界，其中揭示的商业逻辑是：

(1) 企业通过销售中介——经销商，来销售商品。

(2) 企业通过信息中介——媒体，来传播信息。

(3) 不同消费者之间是隔绝的。

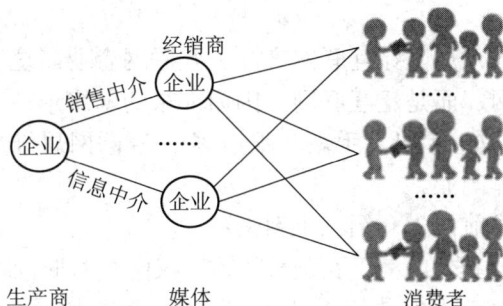

图 1-2 互联网之前的商业世界

2．互联网"互"阶段的商业世界

图 1-3 所示为互联网"互"阶段的商业世界，其中揭示的商业逻辑是：

(1) 企业可以直接将产品销售给消费者。

(2) 消费者也可以直接反馈信息给企业。

(3) 消费者相互之间不再隔绝，信息在其中自由传播。

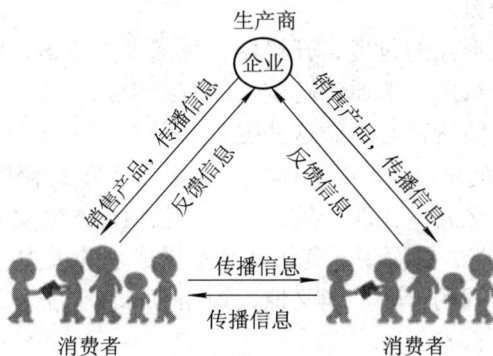

图 1-3 互联网"互"阶段的商业世界

商业世界的逻辑彻底改变之后，企业的运作要求有新的商业思维，这种商业思维就被称为互联网思维。

典型的互联网思维有：雷军的"专注、极致、口碑、快"七字诀；周鸿祎的免费策略；流行的微创新、迭代和大数据等。也有其他的诸如生态思维、平台思维、免费思维、跨界思维等互联网思维。正是这些内涵丰富的互联网思维，构成了种类繁多的互联网商业模式。互联网思维就如餐饮企业的标准化流程，其特点是可以快速复制。但互联网思维不是万能的，当前更多的所谓的"屌丝、粉丝、迭代"等互联网思维是建立在产品运营、商业营销及用户服务的基础上的，并非商业模式的具体体现。

最早提出互联网思维的是百度公司创始人李彦宏。在百度的一个大型活动上，李彦宏与传统产业的老板、企业家探讨发展问题时，李彦宏首次提到"互联网思维"这个词。他说：我们这些企业家们今后要有互联网思维，可能你做的事情不是互联网，但你的思维方式要逐渐从互联网的角度去想问题。现在几年过去了，这种观念已经逐步被越来越多的企业家，甚至企业以外的各行各业、各个领域的人所认可了。但"互联网思维"这个词也演变成多个不同的解释。

互联网时代的思考方式不局限在互联网产品、互联网企业。这里指的互联网，不单指桌面互联网或者移动互联网，而是泛互联网，因为未来的网络形态一定是跨越各种终端设备的(台式机、笔记本、平板、手机、手表、眼镜等)。互联网思维是降低维度，让互联网产业低姿态主动去融合实体产业。

在详细阐述互联网思维前，先介绍三个案例：

(1) 一个毫无餐饮行业经验的人开了一家餐馆，仅两个月时间，就实现了所在商场餐厅评效第一名。VC 投资 6000 万，估值 4 亿元人民币，这家餐厅是雕爷牛腩。

只有 12 道菜，花了 500 万元买断香港食神戴龙牛腩配方；每双筷子都是定制、全新的，吃完饭还可以带回家；老板每日花大量时间盯着对菜品和服务不满的声音；开业前烧掉 1000 万搞了半年封测，期间约请各路明星、达人、微博大号们免费试吃……

雕爷牛腩为什么这样安置？背后的逻辑是什么？

(2) 这是一个淘品牌，2012 年 6 月在天猫上线，65 天后成为中国网络坚果销售第一；2012 年"双十一"缔造了日销售 766 万的奇迹，名列中国电商食品类第一名；2013 年 1 月单月销售额超越 2200 万；一年多时间，累计销售过亿，并再次获得 IDG 公司 600 万美元投资。这个品牌是三只松鼠。

三只松鼠带有品牌卡通形象的包裹、开箱器、快递大哥寄语、坚果包装袋、封口夹、垃圾袋、传递品牌理念的微杂志、卡通钥匙链，还有湿巾。

一个淘品牌，为什么要煞费苦心地做这些呢？

(3) 这是一家新创业的企业。第 1 年销售额达 5 亿元；第 2 年销售额达 126 亿元；第 3 年仅半年销售额就突破 300 亿元；在新一轮融资中，估值达 100 亿美元，位列国内互联网公司第四名。这家企业是小米。雷军说：到场感是小米成功的最大秘密。怎样理解到场感？

这三个企业虽然分属不同的行业，但又惊人地相似，我们都称之为互联网品牌。它们背后的互联网思维到底是什么？

理解互联网思维，把握九大要点。

(1) 用户思维。

互联网思维，第一个也是最主要的就是用户思维。用户思维是指在价值链各个环节中都要"以用户为中央"去考虑问题。作为厂商，必须从整个价值链的各个环节，创建起"以用户为中央"的企业文化，只有深度理解用户才能生存和发展。没有认同，就没有合同。这里面有几个规则：

规则 1：得"屌丝"者得天下。

成功的互联网产品捉住了"屌丝群体"、"草根一族"的需求。这是一个人人自称"屌丝"而骨子里以为自己是"高富帅"和"白富美"的时代。当你的产品不能让用户成为产品的一部分、不能和用户连接在一起，你的产品一定是失败的。QQ、百度、淘宝、YY、小米，无一不是携"屌丝"以成霸业。

规则 2：兜销到场感。

一种情况是按需定制，厂商提供满足用户个性化需求的产品即可，如海尔的定制化冰箱；另一种情况是用户到场去优化产品，如淘品牌"七格格"，每次的新品上市，都会把设计的式样放到其治理的粉丝群组里让粉丝投票，这些粉丝决议了最终的潮流趋势，自然也会为这些产品买单。

让用户到场为品牌传播，即是粉丝经济。我们的品牌需要的是粉丝，而不只是用户，因为用户远没有粉丝那么忠诚。粉丝是最优质的目标消费者，一旦注入感情因素，有缺陷的产品也会被接受。未来，没有粉丝的品牌都可能会消亡。

电影《小时代》豆瓣评分不到 5 分，但这部电影观影人群的平均年龄只有 22 岁，这些粉丝正是郭敬明的富矿。正由于有大量的粉丝，《小时代1》《小时代2》才缔造出累计超越7 亿的票房神话。

规则3：体验至上。

好的用户体验应该从细节开始，并贯穿于每一个细节，能够让用户有所感知，而且这种感知要超出用户预期，给用户带来惊喜，贯穿品牌与消费者沟通的整个链条。新版本对民众账号的折叠处置，就是很典型的"用户体验至上"的选择。

用户思维系统涵盖了最经典的品牌营销的"Who-What-How"模型。Who：目标消费者——"屌丝"；What：消费者需求——兜销到场感；How：怎样实现——全程用户体验至上。

(2) 简约思维。

互联网时代信息爆炸，用户的耐心越来越不足，所以，必须在短时间内捉住它！

规则1：专注，少即是多。

① 苹果就是典型的例子。1997 年苹果接近破产，乔布斯回归后砍掉了 70%产品线，重点开发四款产品，使得苹果扭亏为盈，起死回生。纵然到了 5S，IPhone 也只有五款产品。品牌定位也要专注，给消费者一个选择你的理由，一个就足够。

② 网络鲜花品牌 RoseOnly 品牌定位是高端人群，买花者需要与收花者身份证号绑定，且每人只能绑定一次，意味着"一生只爱一人"。2013 年 2 月上线，8 月份做到了月销售额近 1000 万元。大道至简，越简单的东西越容易传播，越难做。专注才有力量，才能做到极致。尤其在创业时期，做不到专注，就没有可能生活下去。

规则2：简约即是美。

在产品设计方面，要做减法。外观要简练，内在的操作流程要简化。Google 首页永远都是清新的界面，苹果的外观、特斯拉汽车的外观，都是这样的设计。

(3) 极致思维。

极致思维就是把产品、服务和用户体验做到极致，逾越用户预期。什么叫极致？极致就是把命都搭上。

规则1：打造让用户尖叫的产品。

用极限思维打造极致的产品。第一，"需求要抓得准"(痛点、痒点或兴奋点)；第二，"自己要逼得狠"(做到自己能力的极限)；第三，"治理要盯得紧"(得产品经理得天下)。一切产业皆媒体，在这个社会化媒体时代，好产品自然会形成口碑传播。尖叫，意味着必须把产品做到极致；极致，就是逾越用户想象！

规则2：服务即营销。

阿芙精油是著名的淘宝品牌，有两个小细节可以看出其对服务体验的极致追求：(1) 客服 24 小时轮流上班，使用 Thinkpad 小红帽札记本工作，由于使用这种电脑切换窗口更加便捷，可以让消费者少等几秒钟；(2) 设有"CSO"，即首席惊喜官，每日在用户留言中寻找潜在的推销员或专家，找到之后会给对方寄出包裹，为这个可能的"意见领袖"制造惊喜。

"海底捞"的服务理念受到许多人推崇，但是在互联网思维席卷整个传统行业的浪潮之下，若"海底捞"不能用互联网思维重构企业，学不会的，可能是"海底捞"了。

(4) 迭代思维。

"迅速开发"是互联网产品开发的典型方法论，是一种以人为焦点，迭代、循序渐进的开发方法，允许有所不足，不停试错，在连续迭代中完善产品。这里面有两个点：一个"微"，一个"快"。

规则 1：小处着眼，微创新。

"微"，要从细微的用户需求入手，贴近用户心理，在用户到场和反馈中逐步改良。"可能你以为是一个不起眼的点，但是用户可能以为很主要"。360 安全卫士当年只是一个安全防护产品，后来也成了新兴的互联网巨头。

规则 2：精益创业，快速迭代。

"天下武功，唯快不破"，只有快速地对消费者需求做出反映，产品才更容易贴近消费者。Zynga 游戏公司每周对游戏进行数次更新；小米 MIUI 系统坚持每周迭代，就连雕爷牛腩的菜单也是每月更新。

这里的迭代思维对传统企业而言更偏重在迭代的意识，意味着我们必须要及时甚至实时关注消费者需求，掌握消费者需求的变化。

(5) 流量思维。

流量意味着体量，体量意味着分量。"目光群集之处，金钱必将追随"，流量即金钱，流量即入口，流量的价值不必多言。

规则 1：免费是为了更好的收费。

互联网产品大多用免费计谋尽力争取用户、锁定用户。当年的 360 安全卫士用免费杀毒入侵杀毒市场，一时间搅得天翻地覆，将其他杀毒软件挤出了市场。

"免费是最昂贵的"，不是所有的企业都能选择免费策略，需要结合市场、客户、资源、产品、服务等条件顺势而为。

规则 2：坚持到质变的"临界点"。

任何一个互联网产品，只要用户活跃数量达到一定水平，就会开始形成质变，从而带来商机或价值。QQ 若没有当年的坚持，也不能有今天的企鹅帝国。"注意力"经济时代，先把流量做上去，才有机会思考后面的问题，否则连生存的机会都没有。

(6) 社会化思维。

社会化商业的焦点是"网"，公司面临的客户以网的形式存在，这将改变企业生产、销售、营销等整个形态。

规则 1：利用好社会化媒体。

有一个做智能手表的企业，通过 10 条群发，近 100 个微群讨论，3 千多人转发，11 小时预订售出 18698 只 T-Watch 智能手表，订单金额为 900 多万元。

这就是朋友圈社会化营销的魅力。有一点要记住，口碑营销不是自说自话，一定是站在用户的角度、以用户的方式和用户沟通。

规则2：众包协作。

众包是以"蜂群思维"和层级架构为焦点的互联网协作模式，维基百科就是典型的众包产品。传统企业要思考怎样利用外脑，不用招募，便可"天下贤才入吾彀中"。

InnoCentive网站创立于2001年，已经成为化学和生物领域的主要研发供求网络平台。该公司引入"创新中央"的模式，把公司外部的创新比例从原来的15%提高到50%，研发能力提高了60%。

小米手机在研发中让用户深度到场，实际上也是一种众包模式。

(7) 大数据思维。

大数据思维是指对大数据的认识，对企业资产、关键竞争要素的理解。

规则1：小企业也要有大数据。

用户在网络上通常会形成信息、行为、关系三个层面的数据，这些数据的沉淀有助于企业进行预测和决议。一切皆可被数据化，企业必须构建自己的大数据平台。小企业也要有大数据，做好企业自身的数据中心势在必行。

规则2：你的用户是每个人。

在互联网和大数据时代，企业的营销策略应该针对个性化用户做精准营销、精准推送。

银泰网上线后，买通了线下实体店和线上的会员账号，在百货和购物中央铺设免费WiFi。当一位已注册账号的客人进入实体店时，手机连接上WiFi，他与银泰的所有互动记录会逐一在后台呈现，银泰就能据此判别消费者的购物喜爱。这样做的最终目的是实现商品和库存的可视化，并达到与用户之间的沟通。

(8) 平台思维。

互联网的平台思维就是开放、共享、共赢的思维。平台模式最有可能成就产业巨头。全球最大的100家企业里，有60家企业的主要收入来自平台商业模式，包括苹果、谷歌等。

规则1：打造多方共赢的生态圈。

平台模式的精髓在于打造一个多主体共赢互利的生态圈。

未来的平台之争，一定是用户生态圈、产业生态圈、服务生态圈之间的竞争。百度、阿里、腾讯三大互联网巨头围绕搜索、电商、社交，各自修建了强大的产业生态，所以后来者(如360)实际上是很难撼动的。

规则2：善用现有平台，让企业成为员工的平台。

当你不具备构建生态型平台实力的时间，那就要思考怎样利用现有的平台。马云说：假设我是90后重新创业，前面有个阿里巴巴，有个腾讯，我不会跟它挑战，心不能太大。

互联网巨头的组织变革，都是围绕着怎样打造内部"平台型组织"。阿里巴巴25个事业部的分拆、腾讯6大事业群的调整，都旨在发挥内部组织的平台化作用。海尔将8万多人分为2000个自主经营体，让员工成为真正的"创业者"，让每个人成为自己的CEO。内部平台化就是要变成自组织而不是他组织。他组织永远听命于别人，自组织是自己来创新。

(9) 跨界思维。

随着互联网和新科技的发展，许多产业的界限变得模糊，互联网企业的触角无孔不入，零售、图书、金融、电信、娱乐、交通、媒体都会看到互联网企业的身影，"野蛮人"的形象到处可见。

规则1：携"用户"以令诸侯。

这些互联网企业，为什么能够到场甚至赢得跨界竞争？答案就是：用户！

他们一方面掌握用户数据，另一方面又具备用户思维，自然能够携"用户"以令诸侯。阿里巴巴、腾讯相继申办银行，小米做手机、做电视，都是这样的道理。

未来十年，是中国商业领域大规模掠夺的时代，一旦用户的生活方式发生基本性的变化，来不及变革的企业，肯定遭遇劫运！

规则2：用互联网思维，斗胆推翻式创新。

一个真正厉害的人，一定是一个跨界的人，能够同时在科技和人文的交汇点上找到自己坐标的人；一个真正厉害的企业，一定是手握用户和数据资源，敢于跨界创新的组织。

李彦宏指出：互联网产业最大的机会在于发挥自身的网络优势、技术优势、治理优势等，去提升、改造线下的传统产业，改变原有的产业发展节奏、创建新的游戏规则。

今天看一个产业有没有潜力，就看它离互联网有多远。能够真正用互联网思维重构的企业，才可能真正赢得未来。

美图秀秀蔡文胜说：未来属于那些传统产业里懂互联网的人，而不是那些懂互联网但不懂传统产业的人。

金山网络傅盛说：产业机会属于敢于用互联网向传统行业发起进攻的互联网人。

我们以为，未来一定是属于既能深刻理解传统商业的本质，也具有互联网思维的人。不管你是来自传统行业还是互联网领域，未来一定属于这种O2O"两栖人才"。

互联网就像电力和道路一样正在成为现代社会真正的基础设施之一。它不仅仅是可以用来提高效率的工具，也是构建未来生产方式和生活方式的基础设施，更重要的是，互联网思维应该成为一切商业思维的起点。

二、拥抱"互联网+"

从现状来看，"互联网+"处于初级阶段，是个都在热谈但是没有落实的理论阶段。各领域针对"互联网+"都会做一定的论证与探索，但是大部分商家仍旧在观望。从探索与实践的层面上，互联网商家会比传统企业主动，毕竟这些商家从诞生开始就不断用"互联网+"去改变更多的行业，他们有足够的经验可循，可以复制改造经验的模式去探索另外的区域，继而不断地融合更多的领域，持续扩大自己的生态。

"互联网+"真正难以改造的是那些非常传统的行业，但是这不意味着传统企业不做互联网化的尝试。很多传统企业已经开始尝试营销的互联网化，多是借助B2B、B2C等电商平台来实现网络渠道的扩建。更多的线下企业还停留在信息推广与宣传的阶段，甚至不会、不敢或者不能尝试网络交易方面的营销，因为他们找不到合适的方案来解决线下渠道与线上渠道的冲突问题。还有一些商家自搭商城，但是成功的不是太多。自创品牌通过电商平台已经摸索出了一条电商之路。

与传统企业相反，在当前"全民创业"时代的常态下，与互联网相结合的项目越来越多，这些项目从诞生开始就是"互联网+"的形态，因此它们不需要再像传统企业一样转型与升级。"互联网+"正是要促进更多的互联网创业项目的诞生，从而无需再耗费人力、物力及财力去研究与实施行业转型。可以说，每一个社会及商业阶段都有一个常态以及发展趋势，"互联网+"提出之前的常态是千万企业需要转型升级的大背景，后面的发展趋势则是大量"互联网+"模式的爆发以及传统企业的"破与立"。

本书尝试结合互联网线上线下的常态，做一个"互联网+"发展趋势的预测，希望对正在关注"互联网+"的朋友有所启发。

趋势 1：政府推动"互联网+"落实。

政府会提出建设主方案，然后招标或者外包给能够帮助企业做转型的服务型企业去具体执行。在今后长期的"互联网+"实施过程中，政府将扮演的是一个引领者与推动者的角色。在实施过程中，可以多渠道、多角度落实：一是发现那些符合政策并且做得好的企业并立为标杆，起到模范带头作用；二是挖掘那些有潜力的、在将来有望发展成为"互联网+"型的企业；三是结合各地实际情况，建立更新、更接地气的"互联网+"产业园及孵化器，融合当地资源打造一批具备互联网思维的企业；四是引进"互联网+"技术，包括定期邀请相关人员为当地企业培训互联网常识，以及对在职员工的再培训等；五是资源对接，与各大互联网企业建立长期的资讯、帮扶、人才交流等关系，在交流中让互联网企业与传统企业进一步合作。

趋势 2："互联网+"服务商崛起。

在"互联网+"政府计划实施过程中，会出现一大批在政府与企业之间的第三方服务企业，这些企业可能会以互联网企业为主，但不排除部分传统企业也会逆袭成为"互联网+"服务商。其实从服务角度来看，传统企业转型为"互联网+"服务商也是一种转型。这是一种类似于中介的角色，第三方服务企业本身不会从事"互联网+"传统企业的生产、制造及运营工作，但是会帮助线上、线下双方协作，更多的是做双方的对接工作，盈利方式则是双方对接成功后的服务费用及各种增值服务费用，这些增值服务可能会是培训、招聘、资源寻找、方案设计、设备引进、车间改造等。初期的"互联网+"服务商是单体经营，后期则会发展成为复合体，不排除后期会发展成为纯互联网模式的平台型企业。第三方服务涉及的领域有大数据、云系统、电商平台、O2O 服务商、CRM 等软件服务商、智能设备商、机器人、3D 打印等。

趋势 3：第一个热门职业是"互联网+"技术。

"转型红利"期的第一个热门职业会是"互联网+"技术。由于社会及行业的需要，会催生大量的专业技术从业者。这个职业群体的构成会是成熟的技术人员及运营人员。通过培训上岗。从事"互联网+"服务商的工作，要求每一个人都有整体规划性思路，他们能够根据"互联网+整体解决方案"做事，然后再有一个具体而擅长的领域，譬如运营及技术等，通过不断地向下延伸而匹配到线下的传统企业中。甚至，"互联网+"服务商要为每一个企业配备数个服务代表，工作人员"驻商"或者"驻岗"，为企业提供一对一的服务。

趋势 4："互联网+"职业培训兴起。

政府及企业也需要更多懂"互联网+"的人才，关于"互联网+"的培训及特训的职业线上、线下教育会爆发。在线教育领域中，职业教育一直是很火的教育类型，同时市场份额也占的比较大，每年都会有很大的进步。在"互联网+"这一轮热潮中，针对"互联网+"职业教育会兴起，可以具体细分到每个工作岗位的具体工作。其实这些培训还是互联网企业的职位，传统企业想改变企业架构，需要配备更多的专业技能职工。"互联网+"职业培训面向两个群体：一是对传统企业在职员工的培训；二是对想从事该行业的人员的培训。

趋势 5：平台(生态)型电商再受热捧。

在电商方面，平台型电商及生态型电商会广受关注，包括大型平台及地方平台，无论是淘宝、京东还是某地的小型商城，将会有更多的传统企业与其接洽。甚至这些平台会专门成立独立的"互联网+"服务公司，更深入到企业内部。对于传统企业而言，在初期的转型实际操作上，更多企业会选择加入一个平台或者生态，一来可以从平台或者生态上积累部分资源并学习其运营模式，二来可以避免自搭平台运营失败的情况出现。加入平台或生态也能更好地认知自身的资源优势与不足，通过与其他商家合作，了解整体产业链布局，建立格局观。这有利于传统企业找到转型突破点，以后才能以点代面，企业自身也有可能发展成为一个生态。当然，平台或生态不只是线上的，线下的资源整合到一定程度，也能催生出平台。更多的平台或者生态出现以后，"互联网+"要做的只是生态与平台的连接，更有利于行业的整体升级。

趋势 6：供应链平台更受重视。

供应链平台会成为重中之重，专门设计和研究供应链的商家会成为构成传统企业新商业模式主架构部分的服务者，这是每一个接受"互联网+"的企业应该遵循的。企业及行业转型的根本是供应链的互联网化，也是供应链的优化与升级。对于一个传统企业来讲，人员架构可以变得像传统企业一样扁平，技术人员也都可以配齐，考核制度也可以效仿互联网企业，但是更底层的供应链改造是个非常困难的问题。

供应链涉及物流、现金流等各种维持企业运营的重要方面，很多传统企业在现在看来根本是无法改造的。传统供应链模式相对效率低下，互联网化以后的传统企业必定会受其拖累。因此，"互联网+"要求有一部分专门研究供应链设计及改造的专业人才站出来，为广大需要转型升级的企业服务。

趋势 7：O2O 会成为"互联网+"企业首选。

O2O 将会大受重视。O2O 已经成为当前商业都在探讨的话题，只是 O2O 不算商业模式，只是一种形式，广大传统企业可以借用这种方式来进一步改造原有的商业模式。同时，作为连接线上及线下的新商业形式，O2O 会成为当前广大传统企业的首选，与 O2O 相关的资讯公司及研究单位会受到重视及热捧。

作为专业研究线上线下相连接的一种商业形式，目前很多传统的企业尤其是手工业已经从中找到了适合企业发展的模式，这种模式正是"互联网+"模式需要借鉴的。大量 O2O 企业的案例可以为传统企业转向提供经验，也可以为互联网企业融合传统企业提供思路。接下来，O2O 会是每个传统企业的必修课，也是线上企业必须研究的课题。同时，"互联网+"之所以被政府推出，各种基于 O2O 的商业模式是其参考，也算是一种变向的推动。

趋势 8：创业生态及孵化器深耕"互联网+"。

据科技部火炬中心统计数据显示，截至 2016 年底，全国纳入火炬计划的众创空间有4298 家，科技企业孵化器有 3255 家，企业加速器有 400 余家，三者累计近 8000 家，共同形成接递有序的创业服务生态。尤其是近几年，全国新建成孵化器有 1787 家，占到 30 年孵化器总量的一半以上。

在"双创"浪潮的孵化下，国内科技创新创业活动表现较为活跃，中小企业数量也逐年增长。孵化器作为发展创新经济和培育内生增长能力的战略工具已经在我国广泛发展。

但国内孵化器的服务水平并未跟上初创企业的发展步伐,不对称的发展促使孵化器创新服务亟待提高。政府相继出台了一系列扶持孵化器的优惠政策,对创新创业起到一定推动作用。政府牵头推出"互联网+"政策,在政策的激励下,会有更多的互联网创业项目出现,传统的创业项目也就越来越好,以此来解决行业的升级。所以,接下来各地的孵化器将会主推"互联网+"项目。

此外,随着孵化器不断创新发展,未来也会出现新发展趋势。例如,创业导师团队将成为孵化器标配软实力、持股孵化模式成为重点发展模式等。因此,国内孵化器需对创业企业进行深耕细作,沿着"互联网+"的主脉络,在重服务和创业投资方面进行新的探索创新,方能找到未来的创新发展之路。

趋势 9:加速传统企业的并购与收购。

互联网企业投资持股传统企业已经屡见不鲜,事实上传统企业投资或者收购互联网企业的案例也不在少数。在以往的传统企业转型研究中,入股与并购是传统企业互联网化最简单快捷的方式。这比传统企业高薪挖电商运营团队或者引入高科技人才更直接有效,引进团队和人才还需要很长的时间与企业原有结构及运营模式磨合,也不是所有企业都适合直接转变运维模式的。直接收购互联网企业,企业的全部业务打包性的与传统企业对接,相当于互联网业务外包但又是内部的公司,双方的业务及职工又不受冲突,可谓一举多得。

不要看互联网企业价值多少亿美元,市值 500 亿美元以上的互联网公司也就那么多,线下的资本要比线上多很多。大量的民间资本长期累积,过去这些资本都投银行、能源等传统行业,近几年来随着实体行业的不景气,这些手握大量资本的企业开始着眼互联网,很多专注互联网投资的基金都有传统企业的身影。线下资本投入线上,有利于民间资本的优化及再分配,"钱生钱"的投资模式如今已经走向病态,以 P2P 等巧立名目的民间非法集资还在与日俱增,如果这部分钱能够转投创业项目,将会更好地促进社会的整体转型。

趋势 10:促进部分互联网企业快速落地。

虽然"互联网+"更多的是互联网与传统企业的融合,但很多互联网企业也在寻求切入传统市场的途径,这些企业也需要转型。最鲜明的例子是当前数以万计的手机应用,这些 APP 肢解了 PC 互联网的市场,短时间内积累了超过千万甚至上亿的用户,但是缺乏更好的商业模式,简单地说,就是找不到挣钱的来路。可能用户很多,活跃度也很高,但就是无法直接变现,或者用户的消费能力太差。基本上每一个 APP 都是某个行业或者其细分领域的代表,在线上无法解决盈利问题的时候,这些商家都有落地线下的趋势。如唱吧在尝试自己做 KTV 以及与线下 KTV 合作,墨迹天气开始与硬件商家合作空气检测及空气净化的硬件。

如果说过去是互联网企业主动找传统企业,"互联网+"则会让传统企业主动找互联网企业。譬如在"治霾"这个问题上,污染严重的制造业以及传统检测设备的商家可能都会找到互联网企业,以提供整体解决方案及产品合作方案。"互联网+"政策能够促成过去这些商家做不到或者不敢想的事情,这也算是将来的一个趋势。

其实不管有什么样的趋势与政策,最终要推进与落实"互联网+"还是要靠企业自身。至于要走哪个路线,选择哪种方式,就看企业对产业、企业、互联网以及商业模式的理解了。

思 考 题

1. 互联网到"互联网+",都经历了哪些阶段?
2. 浅谈你对"互联网+"的认识。
3. 结合自己的亲身感受和感悟,列出"互联网+"对自己生活的影响有哪些?
4. 什么是互联网思维?互联网思维都包括哪些方面?
5. "互联网+"发展趋势有哪些方面?
6. 如何看待"+互联网"和"互联网+"两个概念?
7. 浅谈"互联网+"、"云"、"终端"之间的关系。

第二章　"互联网+"的基础应用

在互联网初期，邮箱、搜索、即时通信是用户在互联网使用最多的工具，所以称其为互联网三大基础应用。之所以是基础应用，是因为其他任何互联网应用几乎都需要借助它们。我们可以应用互联网来学习、咨询、通信、购物、缴费等，但这些都是借助一些基础应用来实现的。随着互联网的发展，特别是移动互联网的发展，各类新型互联网应用层出不穷，微博、微信、社交网络、论坛等也成为新型的互联网基础应用。

本章主要从互联网信息资源与利用、大数据及其利用、搜索引擎及其应用、微信与微博及其应用四个方面对"互联网+"基础应用进行了介绍。主要内容涉及了网络信息搜索(工具与方法)、开放获取资源、大数据及其特征、大数据需求与应用案例、搜索引擎的工作原理、搜索引擎及检索技巧(作为信息检索工具)、搜索引擎优化与搜索推广(作为营销工具)、微信公众号运营攻略、微博应用案例解析。

本章重点掌握互联网信息资源获取的方式和方法、理解大数据的概念，熟练掌握搜索引擎在信息检索中的应用、公众号的营销策略。

第一节　互联网信息资源与检索

信息同能源、材料并列为当今世界三大资源。信息资源广泛存在于经济、社会等各个领域和部门，是各种事物形态、内在规律及与其他事物联系的各种条件、关系的反映。随着社会的不断发展，信息资源对国家和民族的发展至关重要，成为国民经济和社会发展的重要战略资源。信息资源的开发和利用是整个信息化体系的核心内容，互联网信息检索处于互联网应用的核心地位。网络信息资源海量、分散、无序，需要对其使用科学的方法和手段进行检索，有效利用信息资源，实现最大价值。

一、网络信息资源

随着信息技术的进步和信息网络的全球化，信息资源的分布、组织正发生深刻的变化，网络服务正成为信息服务的主流，由此构成了信息资源组织、开发与利用的网络信息资源环境。在这个环境中，文献信息资源的电子化、网络化以及各类业务数据的网上流通和网上商业与教育的开展，形成了独特的网络信息资源。

网络信息资源是指通过计算机网络可以利用的各种信息资源的总和，即指所有以电子数据形式把文字、图像、声音、动画等多种形式的信息存储在光、磁等非纸介质的载体中，并通过网络通信、计算机或终端等方式再现出来的资源。它包括在 Internet 平台上可以获得的一切信息资源,如数据库、电子图书、电子期刊、电子报纸、其他的网站和网页等。

(一) 网络信息资源的类型

网络信息资源的种类很多,根据不同的分类标准,可以将网络信息资源分为不同的类型。

1. 按采用的网络传输协议划分

按采用的网络传输协议可划分为 WWW(World Wide Web)信息资源、Telent 信息资源、FTP 信息资源、Gopher 信息资源、用户服务组信息资源。

2. 按网络信息资源的媒体形式划分

按网络信息资源的媒体形式可划分为文本信息、图片信息、音频信息、视频信息、三维虚拟影像信息。

3. 按网络信息资源组织形式划分

按网络信息资源组织形式划文本信息资源、超文本/多媒体/超媒体方式、数据库方式、网站方式。

4. 按文献加工深度划分

按文献加工深度可划分为零次文献、一次文献、二次文献、三次文献。

5. 按网络资源的使用权限及安全级别划分

(1) 完全公开的信息资源。这一类信息资源每个用户均可使用,例如各类网站发布的新闻和可以通过免费注册而获得的信息等。

(2) 半公开的信息资源。这一类信息资源可以有条件的获得,比如通过注册以后通过缴纳一定的费用才可以获得的较有价值的且符合你自己需要的信息资源等。

(3) 不对外公开的信息资源(机密信息资源)。这一类信息资源只提供给有限的、具有一定使用权限的高级用户,例如各军事机构和跨国公司等内部的通过网络交流的机密情报和信息等。

6. 按出版类型划分和文献的类型划分

(1) 图书。图书的特点是具有独立的内容体系,内容比较可靠、成熟,知识系统全面,出版形式比较固定。电子图书又称 e-book,是指以数字代码方式将图、文、声、像等信息存储在磁、光、电介质上,通过计算机或类似设备使用,并可复制发行的大众传播体。类型有电子图书、电子期刊、电子报纸和软件读物等。

(2) 期刊。期刊的特点是内容新颖、信息量大、出版周期短、传递信息快、传播面广、时效性强,能及时反映国内外各学科领域的发展趋势。

(3) 科学报告。科学报告的特点是内容新颖、详细、专业性强、出版及时、传递信息快,每份报告自成一册,有专门的编号,发行范围控制严格,不易获取原文。因科技报告反映新的研究成果,故它是一种重要的信息源。

(4) 会议文献。会议文献的特点是内容新颖,专业性和针对性强,传递信息迅速,能及时反映科学技术中的新发现、新成果、新成就以及学科发展趋向,是了解有关学科发展动向的重要信息源。

(5) 专利文献。专利文献是实行专利制度的国家在接受申请和审批发明过程中形成的有关出版物的总称。

(6) 标准文献。对标准化对象描述详细、完整，内容可靠、实用，有法律约束力，其时效性强，适用范围明确，是从事生产、设计、管理、产品检验、商品流通、科学研究的共同依据，也是执行技术政策所必需的工具。

(7) 学位论文。学位论文的研究水平差异较大，博士论文论述详细、系统、专业，研究水平较高，参考价值大。

(8) 政府出版物。政府出版物对了解各国的方针政策、经济状况及科技水平，有较高的参考价值，一般不公开出售。

(9) 产品资料。产品资料的内容主要是对产品的规格、性能、特点、构造、用途、使用方法等的介绍和说明，所介绍的产品多是已投产和正在行销的产品，反映的技术比较成熟，数据也较为可靠，内容具体、通俗易懂，常附较多的外观照片和结构简图，形象、直观。

(10) 技术档案。技术档案的内容真实、详尽、具体、准确可靠，保密性强，保存期长久，是科研和生产建设工作的重要依据，具有很大参考价值，它通常保存在各类档案部门。

(二) 网络信息资源的分布

Internet 现已成为全世界最大的信息资源库。网络信息资源可谓浩瀚无边，内容涉及各个方面，包括政府信息、教育科研信息、网上出版物、网络数据库、电子论坛和电子会议、网上专利信息等。Internet 还有大量的会议信息、学位论文、技术标准、科技政策法规、产品样本目录、科技报告、统计数据、电子论坛、科技新闻、组织机构、通讯讨论组和数据库等，这些信息具有两个明显的分布特征：离散性和不均衡性。

掌握常见网络信息资源主要分布，就可以在各种类型的网站上找到信息资源。

(1) 新闻：门户网站、CCTV 等类型的网站。

(2) 多媒体信息：门户网站、专业网站、网络电视等。

(3) 软件：软件下载网站等。

(4) 文献。

① 零次文献包括门户网站、新闻组、电子邮件。

② 科技文献包括一次、二次、三次文献(其中，电子图书有数字图书馆；电子报刊有网上数据库；专业文献有专业信息网站)。

(三) 网络信息资源的特点

(1) 分散性分布。网络信息资源分布在互联网上的不同地域、不同行业的主机上。每个网民都可以是信息的发布者，人们参与信息交流的成本低，使更多的人可以参与到信息的发表、修改和评价中，同时信息获取的途径也多样化，这也使网络信息资源分布表现出分散性的特征。

(2) 共享性与开放性。网络信息资源的开发利用源自对信息资源的共享需求，网络共享性与开放性使得人人都可以在互联网上索取和存放信息。由于没有质量控制和管理机制，这些信息没有经过严格编辑和整理，良莠不齐，各种不良和无用的信息大量充斥在网络上，形成了一个纷繁复杂的信息世界，给用户选择、利用网络信息带来了障碍。

(3) 数字化存储。信息资源由纸张上的文字变为磁性介质上的电磁信号或者光介质上的光信息，使信息的存储和传递、查询更加方便，而且所存储的信息密度高、容量大，可以无损耗地被重复使用。以数字化形式存在的信息，既可以在计算机内高速处理，又可以通过信息网络进行远距离传送。

(4) 网络化传输。传统的信息存储载体为纸张、磁带、磁盘，而在网络时代，信息的存在是以网络为载体，以虚拟化的状态展示的，人们得到的是网络上的信息，而不必过问信息是存储在磁盘上还是光盘上的。信息在网络中的流动性非常强，电子流取代纸张和邮政的物流，加上无线电和卫星通信技术的充分运用，上传到网上的任何信息资源，都只需要短短的数秒钟就能传递到世界各地的每一个角落。网络信息的传递和反馈快速灵敏，具有动态性和实时性等特点。

网络信息资源与传统信息资源相比，有着明显的优点，表现为数量巨大、增长迅速，内容丰富、形式多样，结构复杂、分布广泛，开放互动、共享性强，传播快速、利用方便，更新速度快、动态性强，信息使用成本低。

正是这些特点使得网络信息资源在信息时代中占有很重要的地位，网络信息资源的充分利用进一步地促进了信息时代的发展，但是它在带给人们充分的信息价值的同时也产生了一系列的问题，表现为网络信息质量参差不齐、良莠不一，分散无序、缺乏管理，稳定性差、检索的精确度低、缺乏安全保障。比如虚假信息的发布导致的网络信息资源的失真性，黑客的攻击导致的一些机密信息的泄漏等，因此如何更好地解决网络信息资源使用的安全问题显得日益重要。

二、网络信息资源的检索工具

互联网上的信息已是海量，并且分布分散，必须借助网络信息资源检索工具才能有效获取网络信息资源。在当前网络环境下，网络信息检索已成为人们获取信息资源的最重要方式。网络信息检索指通过一定的方法，从已存储的网络信息中查找与用户提问相关的信息的过程。它是计算机检索的发展和延伸，是一种基于 Internet 的新型的信息检索方式。网络信息检索一般采用客户/服务器模式或浏览器/服务器模式，通过交互式的图形界面，为用户提供友好的信息检索服务。

网络信息检索工具是指在互联网上提供信息检索服务的计算机系统。互联网是开放的，其网络信息资源主要通过以超文本技术为基础的链接结构将各相关信息联系起来，可以供所有用户检索、使用。搜索引擎则是网民在互联网中搜寻信息的工具，是互联网上不可或缺的基础应用之一。

(一) 搜索引擎的类型

搜索引擎(Search Engine)是网络信息检索最主要的工具，它是指根据一定的策略、运用特定的计算机程序从互联网上搜集信息，在对信息进行组织和处理后，为用户提供检索服务，将用户检索得到的相关信息展示给用户的系统。

搜索引擎种类较多，可以按不同标准进行分类。按搜索范围的不同可分为全文检索、垂直搜索、集合式搜索引擎、门户搜索引擎等；按检索机制的不同可分为目录型、索引型、混合型等；按检索内容分为综合型、专题型、特殊型；按包含检索工具数量分为单一型、集合型；从检索资源对象或需求可分为综合搜索、商业搜索、软件搜索、知识搜索等。依据搜索引擎对网络信息资源的检索方式目前有两种形式：关键词检索和目录浏览。

1. 全文搜索引擎

全文搜索引擎是目前广泛应用的主流搜索引擎，它通过计算机索引程序从互联网提取各个网站网页的信息，建立起数据库，并能检索与用户查询条件相匹配的记录，按一定的排列顺序返回结果。大家熟知的搜索引擎 Google、百度、必应等是当今全文搜索引擎的杰出代表。

全文搜索引擎的信息搜集方式分为两种：

(1) 定期搜索，即每隔一段时间搜索引擎检索程序"spider"或"robot"，对一定 IP 地址范围内的互联网站进行定期检索，一旦发现新的网站，它会自动提取网站的网址和信息加入自己的数据库。

(2) 定向搜索，即网站拥有者主动向搜索引擎提交网址，搜索引擎在一定时间内向被提交的网站派出"spider"程序进行定向扫描，并将有关信息存入数据库。由于搜索引擎索引规则发生了很大变化，主动提交网址并不保证你的网站能进入搜索引擎数据库，因此目前最好的办法是多获得一些外部链接，让搜索引擎有更多机会找到你并自动将你的网站收录。

全文搜索引擎搜索结果的来源可分为两类：一类拥有自己的检索程序(Indexer)，能自建网页数据库，搜索结果直接从自身的数据库中调用，Google 和百度就属于此类；另一类则是租用其他搜索引擎的数据库，并按自定的格式排列搜索结果，如 Lycos 搜索引擎等。

全文搜索引擎通过关键词的方式实现检索，这是语义上的搜索，返回的结果倾向于知识成果，比如文章、论文、新闻等。相对于专业搜索引擎而言的，全文搜索引擎是通用搜索引擎，其搜索范围面向整个互联网，是一种"大众资源"，试图为每个人提供所有的信息。当用户以关键词查找信息时，搜索引擎会在数据库中进行搜寻，如果找到与用户要求内容相符的网站，便采用特殊的算法(通常根据网页中关键词的匹配程度，出现的位置、频次、链接质量等)计算出各网页的相关度及排名等级，然后根据关联度高低，按顺序将这些网页链接返回给用户。全文搜索引擎的特点是搜全率比较高、信息量大，但查询不够准确，深度不够。

现在的全文搜索引擎大多整合了人工智能技术，是智能搜索引擎。

2. 目录索引

因特网上最早提供 WWW 资源查询服务的是目录索引或分类检索，主要通过搜集和整理因特网的资源，根据搜索到的网页内容，将其网址分配到相关分类主题目录的不同层次的类目之下，形成像图书馆目录一样的分类树形结构索引。目录索引无需输入任何文字，只要根据网站提供的主题分类目录，层层点击进入，便可查到所需的网络信息资源。虽然有搜索功能，但严格意义上不能称为真正的搜索引擎，只是按目录分类的网站链接列表而已。用户完全可以按照分类目录找到所需要的信息，不依靠关键词(Keywords)来进行查询。目录索引中最具代表性的是 Yahoo、新浪分类目录搜索、淘宝网的类目等。

目录索引，顾名思义就是将网站分门别类地存放在相应的目录中，因此用户在查询信息时，可选择关键词搜索，也可按分类目录逐层查找。如以关键词搜索，返回的结果跟搜索引擎一样，也是根据信息关联程度排列网站，只不过其中人为因素要多一些。如果按分层目录查找，某一目录中网站的排名则是由标题字母的先后顺序决定(也有例外)。

与全文搜索引擎相比，目录索引有许多不同之处：

(1) 全文搜索引擎属于自动网站检索，而目录索引则完全依赖手工操作。用户提交网站后，目录编辑人员会亲自浏览你的网站，然后根据一套自定的评判标准甚至编辑人员的主观印象，决定是否接纳你的网站。如果审核通过，你的网页才会出现于搜索引擎中，否则不会显示。

(2) 全文搜索引擎收录网站时，只要网站本身没有违反有关的规则，一般都能收录成功。而目录索引对网站的要求则高得多，有时即使登录多次也不一定成功。

(3) 在登录全文搜索引擎时，一般不用考虑网站的分类问题。而登录目录索引时则必须将网站放在一个最合适的目录中。

(4) 全文搜索引擎中各网站的有关信息都是从用户网页中自动提取的，所以从用户的角度看，会拥有更多的自主权。而目录索引则要求必须手工另外填写网站信息，而且还有各种各样的限制，更有甚者，如果工作人员认为你提交网站的目录、网站信息不合适，他可以随时对其进行调整，当然事先是不会和你商量的。

目前，全文搜索引擎与目录索引有相互融合渗透的趋势，原来一些纯粹的全文搜索引擎现在也提供目录搜索。

3. 元搜索引擎

元搜索引擎(Meta Search Engine)不是一种独立的搜索引擎，是通过一个统一的用户界面帮助用户在多个搜索引擎中选择和利用合适的(甚至是同时利用若干个)搜索引擎来实现检索操作，是对分布于网络的多种检索工具的全局控制机制。

元搜索引擎最显著的特点是一般没有自己的网络机器人和资源索引数据库，是架构在许多其他搜索引擎之上的搜索引擎。它在接受用户查询请求时，可以同时在其他多个搜索引擎中进行搜索，并将其他搜索引擎的检索结果经过处理后返回给用户。元搜索引擎为用户提供一个统一的查询页面，通过自己的用户提问预处理子系统将用户提问转换成各个成员搜索引擎能识别的形式，提交给这些成员搜索引擎，然后把各个成员搜索引擎的搜索结果按照自己的结果处理子系统进行比较分析，去除重复并且按照自定义的排序规则进行排序返回给用户。

国外著名的元搜索引擎有 Infospace、Dogpile 等，中文元搜索引擎中具代表性的是 360 综合搜索。在搜索结果排列方面，有的直接按来源排列搜索结果，如 Dogpile；有的则按自定的规则将结果重新排列组合，如 Vivisimo。

4. 其他非通用搜索引擎形式

(1) 垂直搜索引擎。垂直搜索引擎为 2006 年后逐步兴起的一类搜索引擎。不同于通用的网页搜索引擎，垂直搜索的搜索范围是面向某一个行业，它专注于特定的搜索领域和搜索需求，例如：机票搜索、旅游搜索、生活搜索、小说搜索、视频搜索、购物搜索、求职搜索、商机搜索、交友搜索等，在其特定的搜索领域有更好的用户体验。相比通用搜索动辄数千台检索服务器，垂直搜索需要的硬件成本低、用户需求特定、查询的方式多样。

垂直搜索除了要执行通用搜索引擎的"网页预分析"外，还需要将页面的信息进行更详细的分析，比如哪些是公司联系方式，哪些是产品信息参数，价格、原材料、品牌、重量、包等都要事先进行分析和索引，称为垂直搜索引擎的"信息预分析"。

另外，还有企业搜索引擎，这不属于互联网范畴，因为它的搜索目标是企业内容的各种系统，比如 CRM、ERP、SAP 等。这些信息没有对互联网公开。

(2) 集合式搜索引擎。该搜索引擎类似元搜索引擎，区别在于它并非同时调用多个搜索引擎进行搜索，而是由用户从提供的若干搜索引擎中选择，如 HotBot 搜索引擎。

(3) 门户搜索引擎。AOL Search、MSN Search 等虽然提供搜索服务，但自身既没有分类目录也没有网页数据库，其搜索结果完全来自其他搜索引擎。

(4) 免费链接列表(Free For All Links，FFA)。一般只简单地滚动链接条目，少部分有简单的分类目录，不过规模要比 Yahoo！等目录索引小很多。

相关链接：综合搜索、商业搜索与知识搜索

从检索资源对象来看，各种搜索引擎的功能侧重并不一样，有的是综合搜索，有的是商业搜索，有的是软件搜索，有的是知识搜索。

1. 综合搜索

综合搜索初步定义为个性化"元搜索"，将信息聚合在一起实现网络工具化、个性化的发展需求；提升网络使用效率，让用户更快地从繁复的搜索系统里解放出来，让上网搜索更轻松有效。

综合搜索是提供一站式的实用工具综合查询入口，除了对网页、图像、音频、多媒体、新闻、购物等分类进行检索外，还细致到日常生活的方方面面。例如天气、快递单号、手机号码、邮编、彩票、股票等，可以非常快速和精准地得到查询结果。综合搜索的个性定制功能让用户可以自由聚合海量信息，如 RSS 聚合等。

有时为了找到好的网络资源会同时使用多个搜索引擎进行搜索和比较，但操作起来比较繁琐，而且网络资源变化很快，如果当时没有记住搜索结果链接或不及时保存网页，下次就可能找不到了。

综合搜索引擎是为弥补传统搜索引擎的不足而出现的一种辅助检索工具，有着传统搜索引擎所不具备的诸多优势。但是，综合搜索引擎依赖于数据库选择技术、文本选择技术、查询分派技术和结果综合技术等。用户界面的改进、调用策略的完善、返回信息的整合以及最终检索结果的排序，仍然是未来综合搜索引擎研究的重点。

2. 商业搜索

商业搜索是提供一个搜索入口，根据搜索者提供的关键词，反馈出的搜索结果是与关键词相关的商机信息，比如供求信息、产品信息、企业信息以及行业动态信息，并且给予搜索者一定的信息分拣引导，以最终达到满足搜索者的实际需求。

商业搜索的概念有三大特征：(1) 商业搜索是纯商业数据的垂直搜索引擎。(2) 商业搜索的搜索结果只提供信息搜索结果，是由原始网页经复杂的信息加工处理后给用户全新的商业信息结果呈现。(3) 商业搜索的实时性作为专业的商业信息搜索门户，要在第一时间将互联网上最新的商业信息、商情数据呈现给用户。

商业搜索是提供给纯商业信息需求目的的人来使用的，简单一点说是商人。商业搜索的特征决定了搜索结果的范围，因此，在商机信息范围内，商业搜索展示给搜索者的信息量更有深度和广度，信息及时性也可以得到保证，这些都是传统搜索引擎所不能提供的，这就是商人使用商业搜索的好处。商业搜索数据来源就是商业网站，比如各个 B2B 网站是数据源，其他有商业信息的电子商务网站是数据源，各个企业网站更是数据源。尤其是企业网站，数据真实性都很高。比如生产蓄电池的厂商，他有自己的企业网站，但他没有向 B2B 类网站

发布过任何信息,商业搜索的爬虫访问他的企业网站,当分析到他网站上的产品展示区域后,会将他的产品信息列为供应信息,这样的信息可信度非常高。当然,在商业搜索的网页分析系统里有一个智能化处理,不真实的信息会被过滤掉。

商业搜索的呈现方式分为文字呈现和文字加图片的两种模式;从搜索技术方面来分析分为站内搜索和站外搜索两种。目前在商业搜索领域,绝大多数的商业搜索都是基于站内搜索的,由于站外搜索的技术难度要远远高于站内搜索,一般提供商业搜索的平台本身又拥有庞大的商业信息库,故提供站内搜索要更方便、及时、精准。国内比较有影响力的站内纯商业搜索有阿里巴巴、慧聪网等。

商业搜索呈现给用户的角度分析一般都会和传统搜索有着本质的区别,在实际呈现的结果上包含的信息更加丰富。国内纯商业搜索领域中寻企网就是提供这种纯商业信息的搜索,但还是基于站内搜索的平台。

目前对商业搜索的定义没有统一的标准,但业内人士分析,商业搜索和垂直搜索必将在接下来的3~5年内蚕食传统综合搜索的蛋糕,甚至可能产生颠覆性的影响。

百度软件开放平台向全球互联网用户提供绿色、安全、开放的软件服务,最新、最精品的软件资源下载。对用户而言,它可以帮助您更方便、快捷地找到所需客户端软件;对于软件厂商而言,它可以帮助您更好地推广自身软件产品;对下载站和IDC而言,可以获得海量百度流量,提升企业价值。

3. 知识搜索

知识搜索是搜索发展进入智能化阶段的过程,是建立在以用户需求为基础上的知识整合传播,与机器搜索的不同在于,它建立了完善的互动机制,例如评价、交流、修改等。国内的代表网站是中国知网,它是目前最大的基于互联网出版的知识搜索引擎。

知识搜索的诞生背景有以下几点:

(1) 企业知识迅猛增长。根据统计,企业数据每年以200%的速度增长,其中80%以上的数据以文件、邮件、图片等非结构化数据存放在企业内计算机系统中的各个角落,而且这些数据总量远远超过了互联网信息的总量。有数字表明,企业发布到互联网的信息只占到信息量的1%~2%,而98%以上的信息是存储在企业内部的。

(2) 网络搜索的局限性。互联网搜索引擎快速发展以及其覆盖互联网人口面积的迅速扩张,使得我们一提起搜索引擎就想到了百度、谷歌这样的互联网搜索引擎,有什么疑难问题在互联网上就可以找到答案。然而,实际上互联网搜索引擎不能解决全部的问题,如企业内部的规章制度、项目文档、工作经验等,作为企业的知识财富,是不可能通过互联网获得完美答案的。

(3) 获取准确的知识成为企业核心要件。企业或组织经过多年的运作,积累了大量的运营、工作、生产、研发的经验与知识,这些信息内容散落在企业的各个服务器、IT系统,甚至个人的电脑中,这些宝贵的知识财富日益成为指导企业员工行动、减少操作失误、提升工作效率、降低运营成本的重要依托,如何快速、准确地让员工获得工作所需知识,已经成为企业是否能够建立快速响应机制、快捷低成本运作的重要一环。基于这样的现实需求,有一些公司开发了知识搜索引擎软件(Knowledge Search Engine),力图解决企业获取知识的难题。它并非是一种单纯的搜索工具,它首先是知识管理的一种实现理念,承担了"知识汇聚、知识发现、知识分类、知识聚类、知识门户的构建",通过搜索引擎技术完成知识管理的使命。

知识搜索引擎、知识分类体系、知识专家网络共同构成了当今世界上先进知识管理系统的主要内涵。

知识搜索是根据明确的用户身份与诉求，回馈恰当知识结果的搜索引擎，更为强调知识的准确和标准，强调通过互动机制如评价、交流、修改、维护等进行搜索结果的自我学习，以达到知识搜索的智能化。

依据知识管理理念推出的知识搜索引擎正是为了解决"汇聚多类知识源，依据用户身份与诉求，回馈准确知识，指导用户行动"这一命题而生，知识搜索引擎作为搜索引擎的一个分支，在为企业提供准确、快速、全面地获取知识、提高企业效率、降低企业运营成本等方面将起到不可或缺的作用。

(二) 搜索引擎的工作原理

搜索引擎通常指的是收集了万维网上几千万到几十亿个网页并对网页中的每一个词(即关键词)进行索引，建立索引数据库的全文搜索引擎。当用户查找某个关键词的时候，所有在页面内容中包含了该关键词的网页都将作为搜索结果被搜出来。在经过复杂的算法进行排序(包含商业化的竞价排名、商业推广或者广告)后，这些结果将按照与搜索关键词相关度的高低依次排列。

搜索引擎如何工作的？下面以百度搜索引擎为例来说明。

1. 前台工作

用户在搜索框输入搜索请求，"百度一下"就显示出搜索结果，如图 2-1 所示。

新闻 **网页** 贴吧 知道 音乐 图片 视频 地图 百科 文库 更多>>

百度一下

图 2-1 百度前台界面

2. 后台工作

为了完成用户简单地搜索请求，搜索引擎在背后需要做大量的工作，包括爬行抓取网页、建立索引(建库)、搜索词处理(分析搜索请求)、排序等工作，原理如图 2-2 所示。

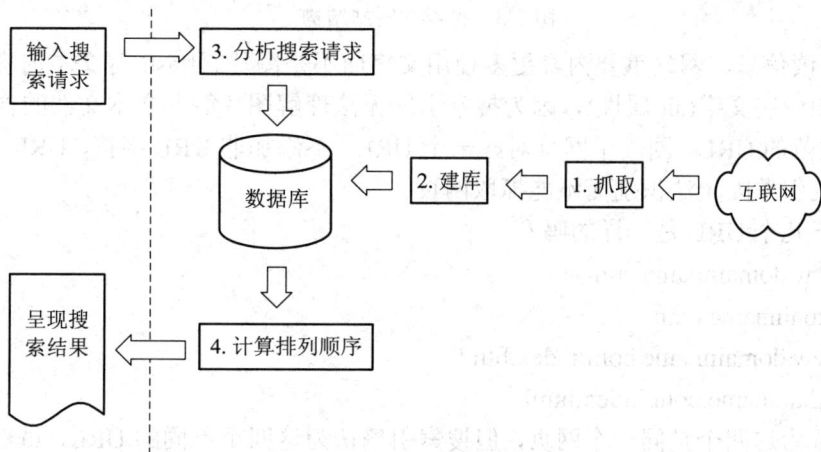

图 2-2 搜索引擎的工作原理

1) 爬行和抓取

在搜索用户还没有在搜索框提供请求的时候，搜索引擎就已经开始工作了，时时都在与互联网进行交互——抓取。

搜索引擎有一个能够在网上发现新网页并抓取文件的程序，这个程序通常称之为蜘蛛(Spider)，百度的蜘蛛程序叫 baiduspider，叫法不一样，但工作内容、性质都一样。搜索引擎从已知的数据库出发，就像正常用户的浏览器一样访问这些网页并抓取文件。

跟踪网页链接是搜索引擎蜘蛛发现新网址的最基本的方法。搜索引擎通过蜘蛛程序去爬互联网上的外链，从一个网站爬到另一个网站，跟踪网页中的链接，访问更多的网页，这个过程就叫爬行。顺着链接找到下一个链接，将抓取的文件存入数据库，并且会定期更新。在一个页面里，从上到下、从左到右读取网页文件的代码(html)，遇到链接时，就顺着链接读到下一个网页去，一个一个地链接起来就抓取到数据库里面去了。新抓取的网址会被存入数据库等待搜索。

互联网有多少网页被抓取？研究专家称，看不见的互联网可能比看得见的互联网大 2~50 倍，搜索引擎只找到互联网网页的 0.03%。所以，对一个网站站长来说，最初的一个门槛一定要把握住，即被搜索引擎"索引"，要被抓取才行。

什么样的网站能更好地被抓取呢？应具备以下三个原则：有合理结构的网站；有可读信息的网站；有规范化 URL 的网站。

(1) 结构合理。网站应该有清晰的结构和明晰的导航，一个扁平的树形网状结构的网站可以使搜索引擎从主页面开始顺着链接找到所有的页面。内容很多时就分频道，内容单一时就没必要分。推荐的结构是三层结构，相互链接，便于抓取，如图 2-3 所示。

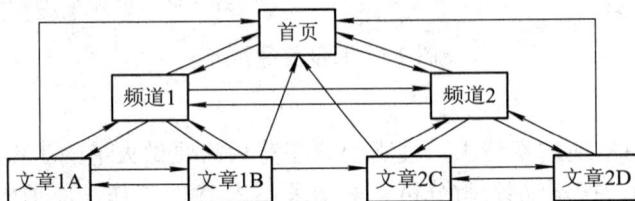

图 2-3　推荐的网站结构

(2) 有可读信息。网站重要内容更多使用文字而不是图片、flash 等文本内容，若使用图片，则需加说明文字(alt 属性)，因为搜索引擎无法理解图片等非文本文件的含义。

(3) 有规范的 URL。同一个网页对应一个 URL、不添加非 URL 字符、URL 尽量短等，可以避免搜索引擎因无法识别而不能抓取网页。

如：以下几个 URL 是一样的吗？

http://www.domainname.com

http://domainname.com

http://www.domainname.com/index.html

http://domainname.com/index.html

你可能认为这四个是同一个网页，但搜索引擎认为这四个不同的 URL，虽然指向同一个页面，但搜索引擎不能理解是同一个 URL。

搜索引擎对网站会有权重的给予。首页的权重会给得很重，明明你可以积累权重，比较好推荐，但你给出四个不同的首页 URL，把权重就分散了，权重稀释会很严重，所以推荐的 URL 一定要规范。

又如：http://mp3.domainname.com/albumlist/%C1%F5%B5%C2%BB%······

这类包含非 URL 字符的网址，搜索引擎也无法识别。

2) 建立索引

通过检索网页信息的程序所收集的信息一般是能表明网站内容的关键词或者短语，包括网页本身、网页的 URL 地址、构成网页的代码以及进出网页的链接，接着将这些信息的索引存放到数据库中。

搜索引擎的系统架构和运行方式吸收了信息检索系统设计中许多有价值的经验，也针对万维网数据和用户的特点进行了许多修改。其核心的文档处理和查询处理过程与传统信息检索系统的运行原理基本类似，但其所处理的数据对象即万维网数据的繁杂特性决定了搜索引擎系统必须进行系统结构的调整，以适应处理数据和用户查询的需要。

搜索引擎如何建立数据库？这些都是在搜索引擎的后台自动完成的。将蜘蛛抓取的页面文件分解、分析，并以巨大表格的形式存入数据库，这个过程即是索引(index)。在索引数据库中，网页文字的内容与关键词出现的位置、字体、颜色、加粗、斜体等相关信息都有相应记录。

互联网每时每刻都在产生新的网站和网页信息，搜索引擎就要把新生出来的这些网站、网页抓取到搜索引擎里来，使搜索引擎有足够的互联网信息资料。搜索引擎按照自己的管理方式，对这些信息资料进行处理、管理。将蜘蛛抓取回来的页面进行各种步骤的预处理，包括提取文字、中文分词、去停词、消除噪音、去重处理、正向索引、倒排索引、链接关系计算、特殊文件处理等。搜索引擎的预处理阶段是在后台完成的，用户搜索时感觉不到这个过程。

3) 搜索词处理

用户在搜索引擎界面输入关键词，单击"搜索"按钮后，搜索引擎程序即对搜索词进行处理。根据搜索引擎数据库中丰富的内容来分析搜索请求，分析搜索用户想要什么。

但是搜索用户在搜索时输入的内容，搜索引擎不一定能理解，你的输入内容可能是一个词，也可能是一句话，所以需要技术处理，目的是为了使搜索引擎能更好地去理解搜索用户的请求。

4) 排序

对搜索词处理后，搜索引擎程序便开始工作，从索引数据库中找出所有包含搜索词的网页，找到后会有一个大的数据列表提取出来，表单里的内容都符合搜索用户的搜索请求，但呈现给搜索用户时谁先谁后呢？要根据排名算法计算出哪些网页应该排在前面，搜索引擎不直接给出上述结果，而是要计算排列顺序，然后把排序后的结果呈现给搜索用户。

再好的搜索引擎也无法与人相比，这就是为什么网站要进行搜索引擎优化。没有 SEO 的帮助，搜索引擎常常并不能正确地返回最相关、最权威、最有用的信息。

什么样的网站能获得更好的排名？

(1) 网页标题与搜索请求相关的网站。网页标题是搜索引擎判断网页内容的参考信息之一，搜索引擎可以通过网页标题迅速判断网页主题是否与搜索请求相关(网页标题显示在浏览器窗口的标题栏)。

(2) 网页的内容与搜索请求相关。网站内容是对自己的核心价值有帮助的内容，同时也是面向用户的，所以，提供符合用户需求且符合网站主题的原创内容更能获得好的排名。

(3) 被用户推荐或其他网站链接的网站。互联网上相同的内容或服务的网站有很多，在内容相同的时候，当你的网站内容对用户有用时，用户会推荐给别人，那么你的网站将获得更好的排名。

（三）常见主流搜索引擎

2016 年中国国内市场主流中文搜索引擎如表 2-1 所示。

表 2-1　2016 年中国国内市场主流中文搜索引擎

名称	网址	简介	特点
百度	www.baidu.com	1999 年创立于美国硅谷。百度在中国市场占有率巨大	中文第一搜索引擎，追求用户体验，索引中文网页巨大，追求时效性、准确性等
神马	yz.m.sm.cn	UC 和阿里 2013 年成立合资公司推出的移动搜索引擎	旨在打造最好的移动搜索产品
360搜索	www.haosou.com	2012 年 8 月诞生，360 公司所有	和 360 浏览器深度融合，品牌价值整体提升，使用较方便
搜狗	www.sogou.com	2004 年成立，2013 年后被腾讯收购，占有市场份额7%左右	搜索服务门类众多，与腾讯产品服务结合
中国搜索	www.chinaso.com	2013 年 10 月成立，2014 年 3 月 21 日正式上线。市场份额较小	搜索市场占有率极低，搜索服务信息仍需增长
必应	cn.bing.com	2009 年微软推出的搜索引擎服务，国内使率较低。市场份额 0.7%左右	与 Windows 操作系统深度融合，全球搜索，跨平台服务
易搜	www.everywhere.com.cn	2004 年成立，国内使用率极低	提供本地综合搜索服务、驾车线路、公交搜索、周边查询等
有道	www.youdao.com	2006 年网易推出网页搜索、图片搜索。市场份额不高于 0.6%	提供网页、图片、视频、词典、热闻等搜索服务
中搜	www.zhongsou.com	2002 年成立，为新浪、搜狐等知名网站提供搜索引擎技术。国内市场占有率极低	推出第三代搜索引擎技术，搜索结果具有美观、互动、全面等特点

2016 年全球市场主流搜索引擎如表 2-2 所示。

表 2-2　2016 年全球市场主流搜索引擎

名称	网址	国家	市场份额(2016 年 4 月)
Google	www.google.com	美国	71.4%
Bing	www.bing.com	美国	12.36%
百度	www.baidu.com	中国	7.29%
雅虎	www.yahoo.com	美国	7.18%
Ask - Global	www.ask.com	美国	0.2%
AOL - Global	www.aol.com	美国	0.14%
NHN	www.naver.com	韩国	较小
Yandex	www.yandex.com	俄罗斯	较小

网络信息检索的发展主要体现在智能检索技术、知识检索技术、多媒体检索技术、新一代搜索引擎技术、自然语言检索技术和基于内容的检索技术。网络信息检索服务呈现出个性化、多样化特点。

与传统信息检索相比，网络信息检索的检索对象更加丰富、检索空间扩展得更广，检索趋于简单方便。但网络信息检索与其他类型的计算机检索形式相比，也存在一些不足，主要表现在：信息查准率比较低；检索带有一定的盲目性；各种检索工具的检索方法不统一，造成了用户使用的不便。

搜索引擎是一个"网络导航工具"，它与用于提供图书馆馆藏信息的目录系统相似，搜索引擎本身并不提供任何实际的 Web 文档，而仅提供关于网页的信息。搜索引擎为所采集的每一个网页建立一条记录，记录包括对网页的简单描述、标题以及实际网页所在服务器的 URL 等信息，这些记录的集合就构成了索引数据库。搜索引擎通过对索引数据库的采集与调用来实现网络导航功能。

搜索引擎只能搜到其网页索引数据库里储存的内容。但是，如果搜索引擎的网页索引数据库里应该有而你没有搜出来，那就是搜索能力问题了，所以学习搜索技巧可大幅度提高你的搜索能力。

三、网络信息检索的方法与技巧

(一) 网络信息检索方式

因特网信息检索的方式主要有两种：基于浏览的检索方式和基于关键词的检索方式。

1. 基于浏览的检索方式

基于浏览的检索方式包括不依靠任何检索工具的浏览和借助检索工具的浏览。

(1) 不依靠任何检索工具的浏览。

① 顺链而行：这是在因特网上发现和检索信息最原始的方法，即在日常的网上漫游过程中，随机地发现一些有用的信息。

② 收藏网址：个人用户在上网浏览的过程中将一些常用的站点地址记录下来，组织成目录以备今后之需。

不依靠任何检索工具的浏览方式，适合以下几类信息检索的目的：延伸已有信息范围；跟踪新信息；网上信息调研；好奇心驱使；消遣性浏览；享受浏览经验。

(2) 借助检索工具的浏览。

借助以 Yahoo！为代表的网络资源目录进行分类检索(目录检索)。

(3) 基于浏览检索方式的优点和缺点分析。

优点：① 能够针对具体任务或问题找到相关信息；② 方便对检索到的结果信息进行筛选；③ 在检索过程中，能够使用不太明确的信息需求得以清晰化；④ 有时能获取一些意外信息；⑤ 容易使用突破本学科领域的界限，获取跨学科、跨行业信息；⑥ 利于多媒体信息的检索。

缺点：① 用户获取信息的偶然性大；② 检全率较差；③ 易出现信息迷航。

2. 基于关键词的检索方式

(1) 基于关键词检索的工具最具代表性的是搜索引擎，如 google、百度。

(2) 基于关键词检索的优点和缺点分析。

优点：① 检索简单易得，利于上手；② 检索到的信息较新，时效性好；③ 可以达到较高的检全率；④ 符合检索语言的文献保障原则和用户保障原则。

缺点：① 关键词语言难以反映词间的相关关系；② 分散主题，影响查准率；③ 自动标引无法完全解决标引不一致的问题。

目录检索与关键词检索相比较可知：目录(分类)检索用于目标模糊、主题较宽泛、某专业网站或网页的查找，要求查准时选用；关键词(主题)检索用于目标明确、主题较狭窄、知识点或事实数据等网页的查找，要求查全时选用。

(二) 常用的关键词高级检索功能

1. 使用检索表达式搜索

使用检索表达式搜索分别有空格、双引号、使用加号、使用减号、通配符、使用布尔检索等。

(1) 空格。要找两个相关的关键词时，如果连在一起搜不到结果，那么中间可以加个空格，这样可以搜索到更多的内容。

(2) 双引号(" ")(半角，以下要加的其他符号同此)。给要查询的关键词加上双引号，可以实现精确的查询，这种方法要求查询结果精确匹配，不包括演变形式。例如 google 会自动分析提取搜索关键字的一部分进行智能搜索，比如"黑客教程"和黑客教程是完全不同的搜索结果，加上双引号后的搜索是完全匹配"黑客教程"这 4 个字，不加引号则是可以再把搜索的词拆分了模糊匹配。

(3) 使用加号(+)。在关键词的前面使用加号，也就等于告诉搜索引擎该单词必须出现在搜索结果中的网页上，例如，在搜索引擎中输入"+电脑+电话+传真"就表示要查找的内容必须要同时包含"电脑、电话、传真"这三个关键词。

(4) 使用减号(−)。在关键词的前面使用减号，也就意味着在查询结果中不能出现该关键词，例如，在搜索引擎中输入"电视台-中央电视台"，它就表示最后的查询结果中一定不包含"中央电视台"。

(5) 通配符(*和?)。通配符包括星号(*)和问号(?)，前者表示匹配的数量不受限制，后者表示匹配的字符数要受到限制，主要用在英文搜索引擎中。例如输入"computer*"，就可以找到"computer、computers、computerised、computerized"等单词，而输入"comp?ter"，则只能找到"computer、compater、competer"等单词。

(6) 使用布尔检索。所谓布尔检索是指通过标准的布尔逻辑关系来表达关键词与关键词之间逻辑关系的一种查询方法，这种查询方法允许我们输入多个关键词，各个关键词之间的关系可以用逻辑关系词来表示。

· and 称为逻辑"与"，用 and 进行连接，表示它所连接的两个词必须同时出现在查询结果中，例如，输入"computer and book"，它要求查询结果中必须同时包含 computer 和 book。

• or 称为逻辑"或",它表示所连接的两个关键词中任意一个出现在查询结果中就可以,例如,输入"computer or book",就要求查询结果中可以只有 computer,或只有 book,或同时包含 computer 和 book。

• not 称为逻辑"非",它表示所连接的两个关键词中应从第一个关键词概念中排除第二个关键词,例如输入"automobile not car",就要求查询的结果中包含 automobile(汽车),但同时不能包含 car(小汽车)。

• near 表示两个关键词之间的词距不能超过 n 个单词。

在实际的使用过程中,可以将各种逻辑关系综合运用,灵活搭配,以便进行更加复杂的查询。

2. 使用高级搜索页

有时我们为了限制搜索范围、搜索时间、过滤关键字等,需要用到高级搜索。

在 Google 搜索首页,单击右上角的"选项"→"高级搜索"即可进入 Google 高级搜索。

在百度搜索首页,单击右上角的"设置"→"高级搜索"即可进入百度高级搜索页面。

3. 元词搜索

大多数搜索引擎都支持"元词"(metawords)功能。依据这类功能,用户把元词放在关键词的前面,这样就可以告诉搜索引擎你想要检索的内容具有哪些明确的特征。

(1) inurl 命令:这是要搜索网址中包含有指定字符串的命令。用 inurl 搜索命令搜索到在 URL 当中出现搜索的关键词,很有针对性,如图 2-4 所示。

使用格式:inurl: (+需要搜索的内容)。

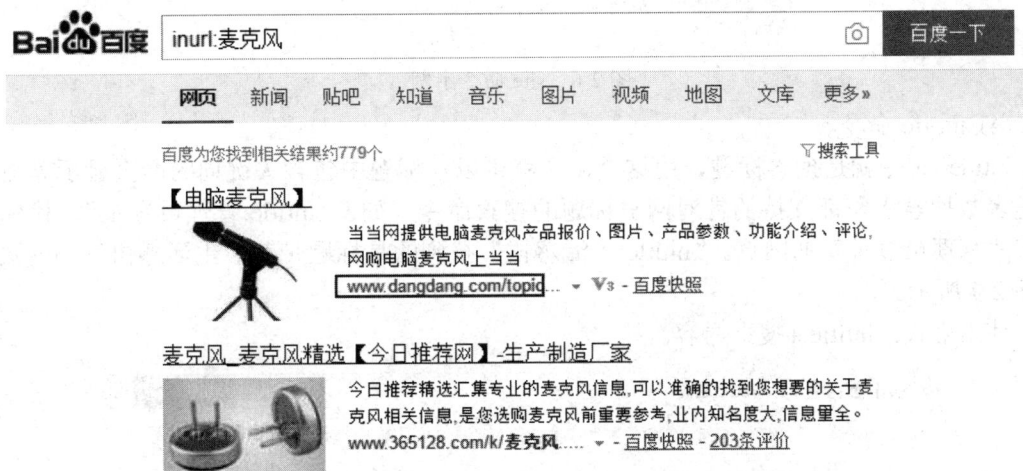

图 2-4 inurl 命令示例

(2) filetype 命令。

在搜索引擎里面用 filetype 命令是可以精确查找到相应格式的文档。比如老师要搜索有关麦克风的 ppt 课件讲课,可以搜索"麦克风课件 filetype:ppt",同样,还可以搜索"麦克风课件 filetype:doc"等,如图 2-5 所示。

使用格式:filetype:+文件格式+搜索内容。

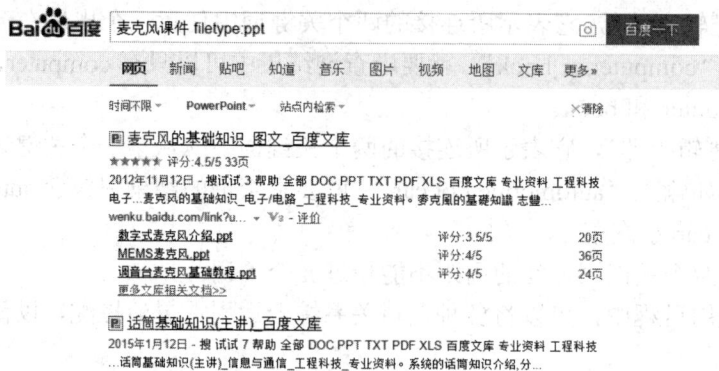

图 2-5　filetype 命令示例

(3) site 命令。

site 命令可以查询某个域名被搜索引擎收录的情况，这样有利于了解网站和网站对搜索引擎的友好度等，如图 2-6 所示。

使用格式：site:+域名。

图 2-6　site 命令示例

(4) intitle 命令。

intitle 命令就是搜索标题，用这个命令就可以使标题中包含关键词的网页显示靠前，这是多数搜索引擎都支持的针对网页标题的搜索命令。如："intitle:管理员登录"，找标题中有"管理员登录"的网页。"intitle:生活感悟"找到的是标题带有"生活感悟"的网页，如图 2-7 所示。

使用格式：intitle:+搜索内容。

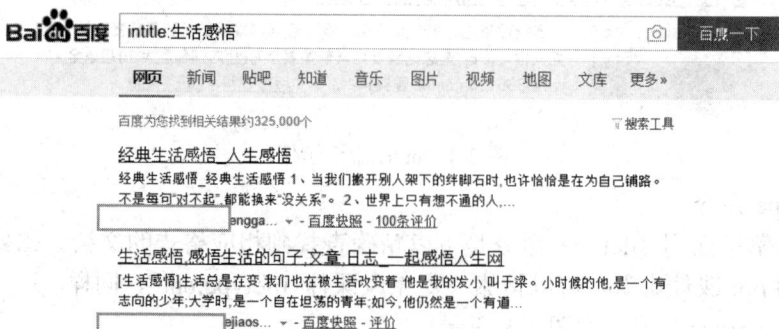

图 2-7　intitle 命令示例

(5) intext 语法。

intext 语法是搜索网页内的字符的，基本上和普通的搜索差不多，主要是和其他语法结合起来使用。比如："intitle:图像处理 intext:"教程""是搜索在网页标题有"图像处理"关键字并且在网页上有"教程"关键字的页面，有的搜索引擎不支持(如百度)，如图 2-8 所示。

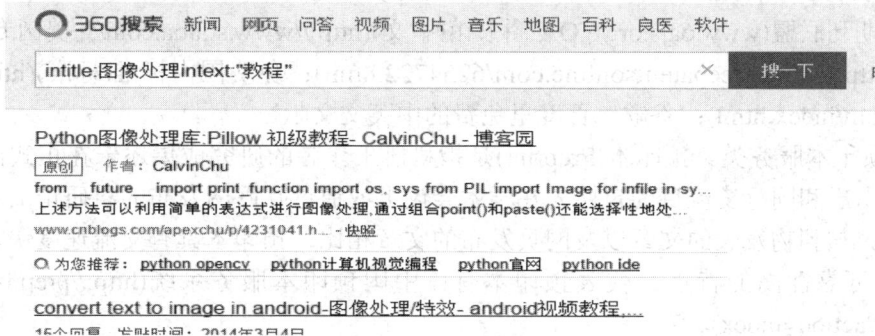

图 2-8　intext 命令示例

其他元词还包括：image(用于检索图片)；link(用于检索链接到某个选定网站的页面)；URL(用于检索地址中带有某个关键词的网页)。

(三) 网络信息资源检索的策略

网络信息资源的检索是一个解决问题寻找答案的过程，在方法上没有固定之规，但一般应遵循问题解决的规律，在网络信息资源检索之前先要构造一个检索策略。

1. 构造检索策略的步骤

(1) 分析课题，明确检索目标。问题分类、分析已知和欲知信息、分析需求主题、广泛利用文献、选择检索范围。

(2) 选择网络检索工具或数据库。

(3) 分析概念，选择检索词。

(4) 构造检索式。

(5) 检索并优化检索策略。

2. 优化检索策略的方法

(1) 若检索结果太多则应缩检，以提高查准率。使用逻辑非剔除无关内容；将 AND 算符改为更严格的位置算符；提高检索词专指度，用规范词、下位类词；限定检索，例如限定字段、语种、时间等；精确检索。

(2) 若检索结果太少则应扩检，以提高查全率。多用 OR；改变位置算符的严格程度；使用检索词的同义词、近义词、上位类词；使用截词符，以检出所有词干相同的词；选择更合适的网络检索工具与数据库。

(四) 开放获取资源

开放获取(Open Access)是国际科技界、学术界、出版界、信息传播界为推动科研成果利用网络自由传播而发起的运动，旨在打破学术研究的人为壁垒，这是一种新的学术信息交流的方法。作者提交作品不期望得到直接的金钱回报，而是提供这些作品使公众可以在公共网络上利用。开放获取的动力在于提高作者文章的引用率，高引用率等于对学者学术地位、水平等的肯定。有研究表明，开放获取会获得更高的引用率(Citation)，在线文章具有更高的引用率。

1．开放获取的途径

(1) 期刊类。开放获取期刊(OA Journals)采取读者免费，作者付费模式。代表期刊有：开放阅读期刊联盟(www.oajs.org)；OA图书馆(中文)(http://www.souoa.com/)；美国专利网(美国专利)(http://www.freepatentsonline.com/6254722.html)；免费国内标准(标准)(http://www.bzwxw .com/index.html)；谷歌、百度里免费的中英文文献。

(2) 预印本服务类。预印本(Preprint)是指科研工作者的研究成果还未在正式出版物上发表，而出于和同行交流目的自愿先在学术会议上或通过互联网发布的科研论文、科技报告等文献。与刊物发表的文章以及网页发布的文章相比，预印本具有交流速度快、利于学术争鸣、可靠性高的特点。代表预印本有：中国预印本服务系统(http://prep.istic.ac.cn/main.html?action=index)。

(3) 会议类。为用户提供学术会议信息预报，包括会议分类搜索、会议在线报名、会议论文征集、会议资料发布、会议视频点播、会议同步直播等服务。代表会议类有：中国学术会议在线(http://www.meeting.edu.cn)。

(4) 科技论文。打破传统出版物的概念，免去传统的评审、修改、编辑、印刷等程序，给科研人员提供一个方便、快捷的交流平台，提供及时发表成果和新观点的有效渠道、新成果及时推广和科研创新思想的及时交流。代表网站有：中国科技论文在线(http://www.paper.edu.cn/)

(5) 作者自存档(Author-Self Archiving)，即作者把将发表或已发表的研究文章以电子格式放到专门的开放获取知识库中与同行交流。代表有arxiv.org等。

(6) 导航平台类。Oalib(http://www.oalib.com/)——傻瓜式一站检索；open-access.net.cn(http://www.open- access.net.cn/)——中科院国家科技图书馆主办开放获取资源整合平台，相当于导航，指引到国外开放获取资源页面。Socolar(http://www.socolar.com/)提供基于开放获取期刊和开放获取机构仓储的导航，免费文章检索和全文链接服务，先注册，填好验证码获取全文。

(7) 专业网站。专业网站主要指专注于某些特定专业领域的网站，能免费提供相关专业信息，如国内、国外的一些生物医学网站。

(8) 网络开放课程。MOOC或MOOCs(Massive大规模，Open开放，Online在线，Course课程)即大规模网络开放课程，是一种在线课程的开发模式。MOOC的课程目前并不提供学分，也不列入高校课程中，参与MOOC学习一般是免费的，如需获得某种认证，则一些大规模网络开放课程会收取一定学费。MOOC与网络公开课不同，网络公开课是把课程资料搬到网上，而MOOC则是把整个课堂搬到网上。

2．信息资源的主要求助方法

信息资源的主要求助方法有：就近的图书馆科研院所的资源；论坛，BBS类；联合参考咨询网；Web2.0应用(SNS，RSS，博客，微博，微信等)；作者本人等。

(1) 联合参考咨询与文献传递网：http://www.ucdrs.net/；http://www.ucdrs.net/admin/union/index.do。

当在其他网站查到所需要的文献标题时，就可以注册登录联合参考咨询网进行网上咨询，一般都能免费获得所需要的资料。

(2) Web2.0时代信息资源求助的主要平台有SNS(人人网，Facebook，腾讯qq群)；Blog、微博(新浪)、微信(腾讯)；RSS(鲜果、Google Reader、抓虾等)。

(3) 咨询作者：写一份客气的求助信。

(五) 基于大数据的信息检索

大数据思维引发了信息检索模式的变革。对大数据信息进行信息检索时，数据的存储特征和存储方式、算法特征、数据获取速度、检索过程都会对信息检索的结果有影响。

对结构化数据的分析自使用计算机进行数值计算的时候就已经开始了，但非结构化数据分析的成熟度要相对落后得多，要从互联网空间大量的语音、文字、图片、视频信息中分析、提取出有价值的东西并非易事。对大数据的检索，主流搜索引擎所采取的检索方法一是基于"关键词"的检索、统计和溯源追踪；二是基于上下文的语义分析和推理，这些方法都已经很有用了。但要在大数据中找出一些隐藏的信息可能还是不够，于是就有了专门针对大数据采集、处理和分析的方法。

信息技术的发展使得信息检索摆脱了传统的手工检索，也使网络信息检索从过去简单的网络文件检索发展到类目检索、网页全文信息检索，再到现在广为关注的智能网络信息检索(如当今的智能搜索引擎、智能浏览器、智能代理等人工智能产品就是大数据信息检索的代表)，推动了大数据信息检索的智能化、个性化、可视化的发展。

基于大数据的信息检索具有以下特点：

1. 智能化与个性化

传统信息检索是人找信息，而基于大数据的信息检索则转变为信息找人，大数据技术为信息检索智能化提供了条件。在搜索引擎时代，人们使用搜索引擎的频率在降低、时长在减少，但搜索引擎知道个人需要什么信息，能根据搜索大数据分析，把个人感兴趣的信息推送给他。淘宝网上积累了大量的交易行为和消费信息，通过挖掘和分析，就可以掌握客户的消费习惯，并准确预测客户行为，当有适合这位客户的营销信息时，自动推送到他的面前，实现"精准营销"。通过信息检索的智能化，实现了信息检索的个性化。

2. 可视化

可视化是指通过计算机图形学和图像处理技术把数据转换为图形或图像，在屏幕上显示出来并进行交互处理的理论、方法和技术。可视化以直观的形式表达检索结果，帮助用户更加快速地理解所找到的信息。

第二节 大数据及其利用

互联网、物联网和移动互联网相关技术的迅猛发展，线上的数据随时随地产生，多种结构复杂的数据在不断更新，我们进入了一个全新的时代——大数据时代。它不但在IT界产生巨大的改革，对传统行业的成长也带来了新的机遇，对各行各业的影响巨大。大数据引发了信息检索模式的变革，它正在改变这个世界和颠覆我们的传统思维。

引例：用搜索行为数据预测事件

2009 年春天(3~4 月)，H1N1 甲流病菌在墨西哥、美国爆发时，谷歌利用它收集到的无数个人搜索词汇数据，赶在政府流行病学家之前两个星期来预测流感的出现。

启示：互联网公司除了可以提供互联网的基础应用，还可以利用数据库中庞大的搜索行为数据来分析、预测事件等。

一、大数据及其特征

大数据研究专家维克托·迈尔-舍恩伯格有一句名言：世界的本质是数据。他认为，认识大数据之前，世界原本就是一个数据时代，认识大数据之后，世界却不可避免地分为大数据时代、小数据时代。

那么，什么是大数据？不同行业有不同的声音，但一般认为，大数据是指体量特别大、数据类别特别多的数据集，并且这样的数据集无法用传统数据库工具对其内容进行抓取、管理和处理。从数据的类别上看，"大数据"不仅包括结构化数据，还包括无法用传统流程和工具处理或分析的非结构化数据。

大数据的特征可用 4V 来概括：

第一，Volume(海量的数据规模)。一般在 10TB 规模左右，但在实际应用中，很多企业用户把多个数据集放在一起，已经形成了 PB 级的结构化数据，从 TB 级别跃升到了 PB 级别。物联网、云计算、移动互联网、车联网、手机、平板电脑、PC 以及遍布地球各个角落的各种各样的传感器，无一不是数据来源。

第二，Variety(多样的数据类型)。数据来自多种数据源，数据种类和格式日渐丰富，已冲破了以前所限定的结构化数据范畴，如网络日志、视频、图片、地理位置信息等。

第三，Value(价值密度低)。以视频为例，连续不间断监控过程中，可能有用的数据仅仅只有一两秒。

第四，Velocity(快速的数据流转)。在数据量非常庞大的情况下，也能够做到数据的实时处理，遵循 1 秒定律。这一点是和传统的数据挖掘技术有着本质的不同。

其实大数据没有什么神秘的，它是互联网发展到现在的必然结果。这些原本看起来很难收集和使用的数据，只不过是在以云计算为代表的技术创新的支持下，这些大数据现在开始容易被利用并逐步为人类创造更多的价值而已。

现在对大数据的全面认知主要从理论、技术、应用实践三方面展开。在理论上，理解行业对大数据的整体描绘和定性，解析大数据价值、洞悉大数据的发展趋势、审视人和数据之间的关系；在技术上，分别从云计算、分布式处理技术、存储技术和感知技术的发展来说明大数据从采集、处理、存储到形成结果的整个过程；在应用实践中，分别从互联网的大数据、政府的大数据、企业的大数据和个人的大数据四个方面来展现大数据应用场景。

二、大数据的处理

大数据的总体架构包括三层：数据存储、数据处理和数据分析。类型复杂和海量由数据存储层解决，快速和时效性要求由数据处理层解决，价值由数据分析层解决，如图2-9所示。

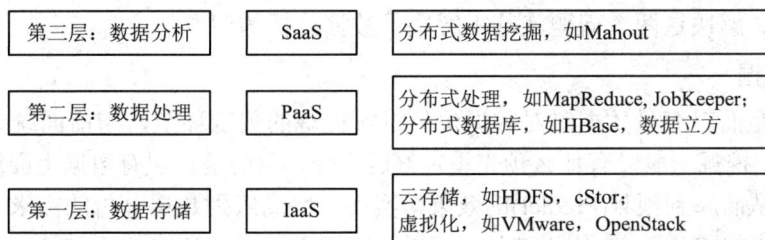

图2-9　大数据的总体架构

数据先要通过存储层存储下来，然后根据数据需求和目标来建立相应的数据模型和数据分析指标体系，对数据进行分析产生价值。而中间的时效性又通过中间数据处理层提供的强大的并行计算和分布式计算能力来完成。三层相互配合，让大数据最终产生价值。

(一) 大数据的处理过程

大数据处理的具体方法有很多，一般的大数据处理都包括以下过程：数据采集、导入/预处理、统计/分析、数据挖掘。

1. 数据采集

数据有很多分法，可分为结构化、半结构化、非结构化；也可分为元数据、主数据、业务数据；还可以分为 GIS、视频、文件、语音、业务交易类等各种数据。传统的结构化数据库已经无法满足数据多样性的存储要求。因此，在 RDBMS 基础上增加了两种类型：一种是 hdfs 类数据库，可以直接应用于非结构化文件存储；一种是 nosql 类数据库，可以应用于结构化和半结构化数据存储。

大数据的采集是指利用多个数据库来接收发自客户端(Web、App 或者传感器形式等)的数据，并且用户可以通过这些数据库来进行简单的查询和处理工作。比如，电商会使用传统的关系型数据库(MySQL 和 Oracle 等)来存储每一笔事务数据。除此之外，Redis 和 MongoDB 这样的 NoSQL 数据库也常用于数据的采集。在大数据的采集过程中，其主要特点和挑战是并行发生数较高，因为同时有可能会有成千上万的用户来进行访问和操作，比如火车票售票网站和淘宝，它们并发的访问量在峰值时达到上百万。

2. 导入/预处理

虽然采集端本身会有很多数据库，但是如果要对这些海量数据进行有效的分析，还是应该将这些来自前端的数据导入到一个集中的大型分布式数据库或者分布式存储集群，并且可以在导入基础上做一些简单的清洗和预处理工作。导入与预处理过程的特点和挑战主要是导入的数据量大，每秒钟的导入量经常会达到百兆，甚至千兆级别。

3. 统计/分析

统计与分析主要利用分布式数据库或者分布式计算集群来对存储于其内的海量数据进行普通的分析和分类汇总等，以满足大多数常见的分析需求。在这方面，一些实时性需求会用到 EMC 的 GreenPlum、Oracle 的 Exadata，以及基于 MySQL 的列式存储 Infobright 等，而一些批处理或者基于半结构化数据的需求可以使用 Hadoop。统计与分析这部分的主要特点和挑战是分析涉及的数据量大，其对系统资源，特别是 I/O，会有极大的占用。

数据分析主要关注两个内容：一是数据建模，在该数据模型下需要支持各种分析方法和分析策略；二是根据业务目标和业务需求建立的 KPI 指标体系，对应指标体系的分析模型和分析方法。解决这两个问题就基本解决了数据分析的问题。

4. 数据挖掘

数据挖掘是面对海量数据时对数据价值进行提炼的关键环节，与前面统计和分析过程不同的是，数据挖掘一般没有什么预先设定好的主题，主要是在现有数据上面进行基于各种算法的计算，从而起到预测(Predict)的效果，实现一些高级别数据分析的需求。比较典型的算法有用于聚类的 Kmeans、用于统计学习的 SVM 和用于分类的 NaiveBayes，主要使用的工具有 Hadoop 的 Mahout 等。该过程的特点和挑战主要是挖掘的算法很复杂，并且计算涉及的数据量和计算量都很大，常用数据挖掘算法都以单线程为主。

整个大数据处理的普遍流程至少应该满足以上四个方面的步骤，才能算得上是一个比较完整的大数据处理，如图 2-10 所示。

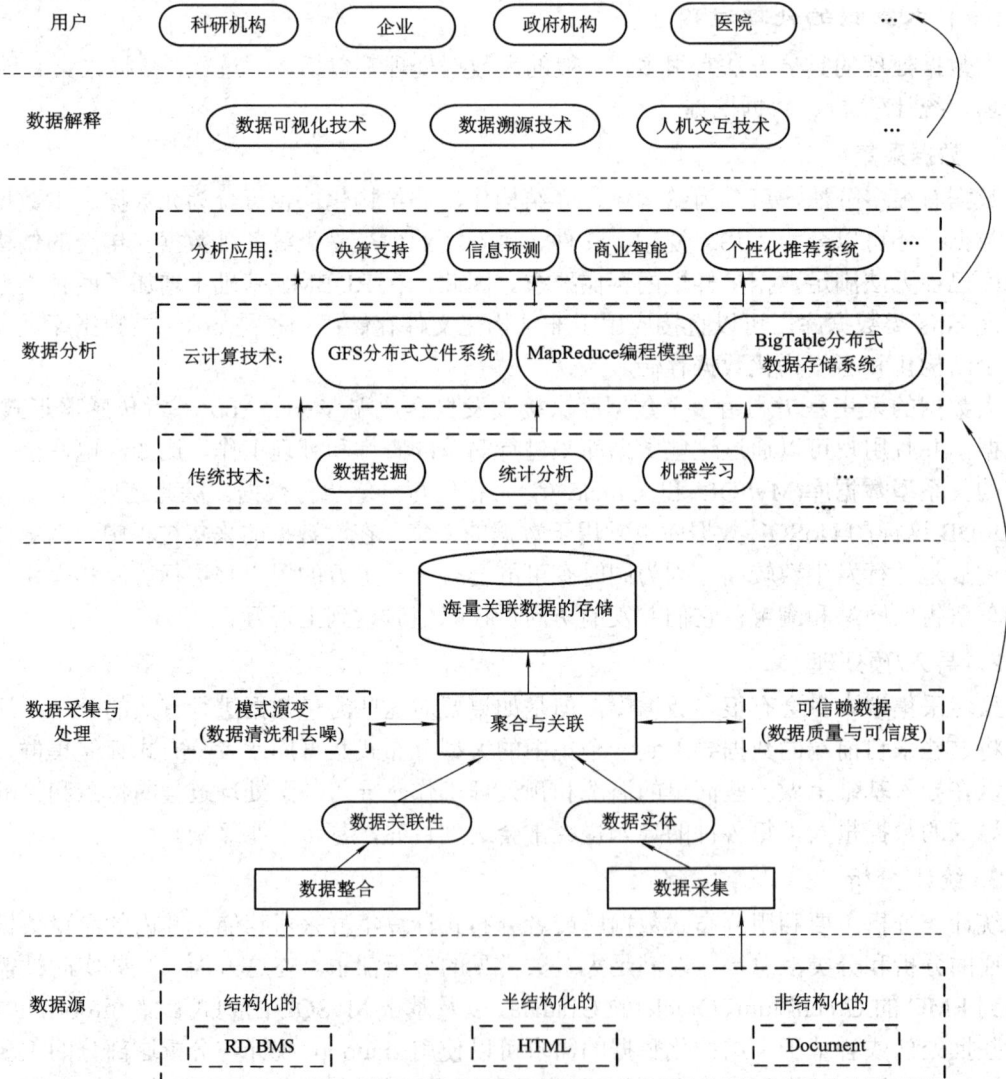

图 2-10　大数据的处理流程

(二) 大数据与云计算、商业智能

关于大数据和云计算可以做一个形象的解释：云计算相当于我们的计算机硬件和操作系统，将大量的硬件资源虚拟化之后再进行分配使用，大数据相当于海量数据的"数据库"。当前的大数据处理一直在向着近似于传统数据库体验的方向发展。Hadoop的产生使我们能够用普通机器建立稳定的处理 TB 级数据的集群，使昂贵的并行计算平民化了，但因为MapReduce 开发复杂，并不适合数据分析人员使用。Yahoo!的 PigLatin 和 Facebook 的 Hive 项目，为我们带来了类 SQL 的操作，操作方式虽然像 SQL 了，但处理效率还是很慢。接着出现了 Google 的 Dre mel/PowerDrill、Cloudera 的 Impala 等技术。

从大数据和云计算的关系来看，云计算作为计算资源的底层，支撑着上层的大数据处理；而大数据的发展趋势借助于云计算，使实时交互式的查询效率和分析能力达到"动一下鼠标就可以在秒级操作 PB 级别的数据"的水平。大数据必然无法用单台的计算机进行处理，必须采用分布式计算架构，它的特色在于对海量数据的挖掘，但又必须依托云计算的分布式处理、分布式数据库、云存储和虚拟化技术。

商业智能(Business Intelligence，BI)是一套完整的解决方案，用来将企业中现有的数据进行有效的整合，快速准确地提供报表并提出决策依据，帮助企业做出明智的业务经营决策，这是大数据研究所追求的价值。传统的 BI 分析通过大量的 ETL 数据进行抽取、转换和加载，形成一个完整的数据仓库。而基于大数据的 BI 分析，可能并没有一个集中化的数据仓库，或者数据仓库本身也是分布式的，虽然数据存储和数据处理方法发生了大变化，但 BI 分析的基本方法和思路并没有变化。

因此，云计算技术和商业智能是大数据的两大核心。离开了云技术，大数据就没有根基和落地的可能；离开商业智能和价值，大数据又变为舍本逐末，丢弃了关键目标。所以，大数据目标驱动是 BI，大数据实施落地是云技术。

(三) 大数据处理的相关技术

在实践中，大数据处理过程涉及数据采集、数据存取、基础架构、数据处理、统计分析、数据挖掘、模型预测、结果呈现等方面的技术。

(1) 数据采集：使用 ETL 工具(Extract-Transform-Load)将分布的、异构数据源中的数据(如关系数据、平面数据文件等)抽取到临时中间层后进行清洗、转换、集成，最后加载到数据仓库或数据集市中，成为联机分析处理、数据挖掘的基础。

(2) 数据存取：包括关系数据库、NOSQL、SQL 等。

(3) 基础架构：包括云存储、分布式文件存储等。

(4) 数据处理：自然语言处理(Natural Language Processing，NLP)是研究人与计算机交互的语言问题的一门学科。处理自然语言的关键是要让计算机"理解"自然语言，所以自然语言处理又叫做自然语言理解(Natural Language Understanding，NLU)，也称为计算语言学(Computational Linguistics)。一方面它是语言信息处理的一个分支，另一方面它是人工智能(Artificial Intelligence，AI)的核心课题之一。

(5) 统计分析：包括假设检验、显著性检验、差异分析、相关分析、T 检验、方差分析、卡方分析、偏相关分析、距离分析、回归分析、简单回归分析、多元回归分析、逐步回归、回归预测与残差分析、岭回归、logistic 回归分析、曲线估计、因子分析、聚类分析、

主成分分析、因子分析、快速聚类法与聚类法、判别分析、对应分析、多元对应分析(最优尺度分析)、bootstrap 技术等。

(6) 数据挖掘：包括分类(Classification)、估计(Estimation)、预测(Prediction)、相关性分组或关联规则(Affinity Grouping or Association Rules)、聚类(Clustering)、描述和可视化(Description and Visualization)、复杂数据类型挖掘(Text，Web，图形图像，视频，音频等)。

(7) 模型预测：包括预测模型、机器学习、建模仿真。

(8) 结果呈现：包括云计算、标签云、关系图等。

三、大数据思维

大数据时代的变革绝不限于技术层面，本质上，它为我们观察世界提供了一种全新思维。

1. 从样本思维转向总体思维

在小数据时代，采样一直是数据获取的主要手段，这是在无法获得总体数据信息条件下的无奈选择。在大数据时代，人们可以获得并分析更多的数据，不再依赖于采样，也就是说，随着数据收集、存储、分析技术的突破性发展，而不再因诸多条件限制不得不采用样本研究方法。相应的，思维方式也应该从样本思维转向总体思维，直接从总体上认识事物。

2. 从精确思维转向容错思维

在小数据时代，收集的样本信息量较少，必须确保记录下来的数据尽量结构化、精确化，否则，分析得出的结论很可能"差之毫厘，失之千里"，因此，通常十分注重精确思维。然而，在大数据时代，由于大数据技术的突破，大量的非结构化、异构化的数据能够得到储存和分析，提升了我们从数据中获取知识的能力，却也对传统的精确思维造成了挑战。舍恩伯格指出："执迷于精确性是信息缺乏时代和模拟时代的产物。只有 5%的数据是结构化且能适用于传统数据库的。如果不接受混乱，剩下 95%的非结构化数据都无法利用，只有接受不精确性，我们才能打开一扇从未涉足的世界的窗户。"也就是说，在大数据时代，思维方式要从精确思维转向容错思维，当拥有海量即时数据时，绝对的精准不再是追求的主要目标，适当忽略微观层面上的精确度，容许一定程度的错误与混杂，反而可以在宏观层面拥有更好的知识和洞察力。

3. 从因果思维转向相关思维

在小数据世界中，人们往往执着于现象背后的因果关系，试图通过有限样本数据来剖析其中的内在机理。小数据的另一个缺陷就是有限的样本数据无法反映出事物之间的普遍性的相关关系。而在大数据时代，人们可以通过大数据技术挖掘出事物之间隐蔽的相关关系，获得更多的认知。而建立在相关关系分析基础上的预测正是大数据的核心议题。通过关注线性的相关关系，以及复杂的非线性相关关系，可以帮助人们看到很多以前不曾注意的联系。在大数据时代，思维方式要从因果思维转向相关思维，克服千百年来人类形成的传统思维模式，才能更好地分享大数据带来的深刻洞见。

🔊 案例：大数据思维与大数据价值

Wal-Mart 作为零售行业的巨头，他们的分析人员会对每个阶段的销售记录进行全面的分析。有一次他们无意中发现虽不相关但很有价值的数据，在美国的飓风来临季节，超市中蛋挞和抵御飓风物品的销量竟然都有大幅增加，于是他们做了一个明智决策，就是将蛋挞的销售位置移到了飓风物品销售区域旁边，看起来是为了方便用户挑选，但是没有想到蛋挞的销量因此又提高了很多。

点评：各行各业探求数据价值取决于把握数据的人，关键是人的数据思维。与其说是大数据创造了价值，不如说是大数据思维触发了新的价值增长。

四、大数据的价值与数据化管理

"互联网+"时代，电商对于零售行业的影响有目共睹，行业的竞争越来越激烈，以前的粗放式管理已经不适应潮流，需要精细化管理，这就需要数据。数据是无形资产，也是核心竞争力的基础。用数据来指导和决策商业经营管理，已经成为业界的共识。不懂数据，就做不好生意；不懂大数据，就做不成大生意。数据是生意经营过程的量化结果，里面蕴含着不为人一眼察觉的奥秘。通过洞悉数据背后的逻辑、规律和趋势，可以更好地读懂过去、了解现在、预见未来。

(一) 大数据的价值

大数据的价值体现在以下几个方面：

(1) 对大量消费者提供产品或服务的企业可以利用大数据进行精准营销；做小而美模式的中小微企业可以利用大数据做服务转型。

(2) 在投资者眼里，大数据是资产。比如，Facebook 上市时，评估机构评定的有效资产中大部分都是其社交网站上的数据。

(3) 通过"加工处理"可以实现大数据的"增值"。如果把大数据比作一种产业，那么这种产业实现盈利的关键在于提高对数据的"加工能力"。面临互联网压力之下必须转型的传统企业需要与时俱进，充分利用大数据的价值。

(二) 数据化管理

数据化管理是指运用分析工具对客观、真实的数据进行科学分析，并将分析结果运用到生产、营运、销售等各个环节中去的一种管理方法。管理层次可以分为业务指导管理、营运分析管理、经营策略管理、战略规划管理这四个由低到高的层次。业务逻辑可以分为销售中的数据化管理、商品中的数据化管理、财务中的数据化管理、人事中的数据化管理、生产中的数据化管理、物流中数据化管理等。

定义中的数据分析工具主要有 Excel、SAS、SPSS、Matlab 等。其中 Excel 由于通用性强、门槛低、功能强大等原因深受数据分析人员的喜爱。作为一个每天和数据打交道的人员，你可以不会那些专业的分析软件，但是 Excel 必须会，并且还要非常熟练。

1. 数据化管理的意义

从数据化管理的流程来看，应用是数据化管理的核心。这也是数据化管理和数据分析最大的不同，不能应用到业务层面的数据分析是没有意义。

(1) 量化管理。无论是传统零售还是电子商务，大部分管理工作都是可以量化的。绩效 KPI(Key Performance Indicator，关键绩效考核指标)就是对日常业务的一种量化考核。

(2) 最大化销售业绩、最大化生产效率。数据分析本身不能带来最大化的业绩或者效率，只有将正确的分析结果用最实际的方式应用到业务层面才能产生效益，只有持续不断的效益才能称之为数据化管理。

(3) 有效的节约企业各项成本和费用。每个业务中心都可以建立独立的数据化管理体系，建立自己部门的追踪及预警机制，从而达到节约成本和费用的目的。

(4) 组织管理、部门协调的工具。同样一个指标，不同的部门提供的数据可能不一致，这既是浪费资源，又不利于标准化管理。为提高组织及部门间的效率，日常和数据有关的信息传递尽量遵循以下原则：

- 提供正确且有效的数据给对方。
- 不仅提供数据，还尽可能提供数据结论。
- 对结论进行必要的补充说明，将你的论证逻辑告诉对方。
- 建立业务管理模板共享机制。

(5) 提高企业管理者决策的速度和正确性。我们习惯给管理层扣一顶"拍脑袋"的帽子，其实"拍脑袋"并不是一件容易的事情，它是基于经验、深思熟虑之后的一种结论。当然如果管理层在"拍脑袋"决策过程中能够参考必要的数据的话，那就最好的。

2. 数据化管理的四个层次

根据业务逻辑，数据化管理分为四个层次，如图 2-11 所示。

(1) 业务指导管理。业务指导管理的范畴包括销售、人力资源、生产、财务、客服等业务单元。通过数据收集、数据监控、数据追踪等手段透视业务；通过数据分析、数据挖掘等方式搭建业务管理模型来提升业务。主要管理模块有目标及预测管理、利润及费用管理等。

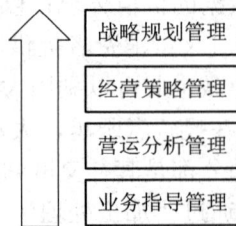

图 2-11 数据化管理的四个层次

(2) 营运分析管理。简单来讲，营运分析管理是对人、货、场、财的分析管理。包括绩效考核管理、库存分析管理、供应链分析管理、客流分析管理、资金分析管理、客户关系管理(CRM)等。业务指导管理和营运分析管理的区别在于前者侧重于追踪和监控，后者侧重于分析和管理。

(3) 经营策略管理。经营策略管理指通过对各经营环节进行对应的数据分析来达到制定和修改策略的目的，数据化的策略管理是企业测量合理化的一个保证。包括消费者购买行为分析、会员顾客策略、商品定价策略、品牌定位策略、竞争对手策略管理、资源分配策略等。

(4) 战略规划管理。战略规划管理是通过企业内部和外部数据，制定企业的长远规划的过程。包括宏观经济分析、行业环境分析、经营环境分析、内部资源分析、企业竞争力分析、战略目标规划管理、战略可操作性评估等。

3. 数据化管理流程图

如图 2-12 所示，数据化管理流程分为八个步骤，它和常规数据分析最大的不同就是强化应用，要求应用模板化和模板智能化。实施数据化管理之后，每个层面看到的不再是枯燥的数据、干巴巴的表格，而是简洁的可视化图表、傻瓜式的业务诊断、智能化的应用提醒、高互动性的使用界面。

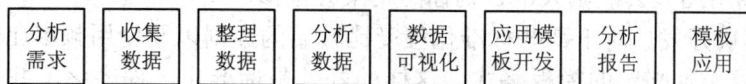

分析需求	收集数据	整理数据	分析数据	数据可视化	应用模板开发	分析报告	模板应用

图 2-12 数据化管理流程图

(1) 分析需求。分析需求包括收集需求、分析需求、明确需求三个部分。收集需求的方法主要有：和使用对象进行访谈、市场调查、走访专家(行业专家、业务单位的资深人士、管理者)等。分析需求推荐利用思维导图来整理收集的信息，思维导图的逻辑可以参考使用 5w2H 分析法、人货场等概念。

(2) 收集数据。收集数据是根据使用者的需求，通过各种方法来获取相关数据的一个过程。数据收集途径包括公司的数据库、公开出版物、市场调查、互联网、购买专业公司数据等。数据收集是数据分析的基础环节，在收集过程中需要不断地问自己，数据来源是否可靠？收集数据的方法是否有瑕疵？收集的数据是否有缺失？

(3) 整理数据。整理数据是对收集到的数据进行预处理，使之变成可供进一步分析的标准格式的过程。需要整理的数据包括非标准格式的数据和不符合业务逻辑的数据两大类。非标准格式数据，如文本格式的日期、文本格式的数据、字段中多余的空格符号、重复数据等。在零售业中不符合业务逻辑的数据非常多，比如为了冲销售额可能会有不真实的销售数据进入系统、大量虚假的会员购买记录、电子商务中的虚假点击等。

数据整理的好与坏直接决定了分析的结果。整理数据的方法主要有：分类、排序、做表与分析等。数据逻辑整理方法有：理清数据的口径、看异常、查大数、观察趋势等。工具可以利用 Excel 中的分列、删除重复项、透视表、图表、函数等功能来辅助整理。

(4) 分析数据。分析数据是指在业务逻辑的基础上，运用最简单有效的分析方法和最合理的分析工具对数据进行处理的一个过程。没有业务逻辑的数据分析是不会产生任何使用价值的。对分析师来说，熟悉业务、有业务背景是非常重要的。分析方法简单有效就可以，实用为最高准则。数据分析人员业务掌握程度和工具掌握的程度关系如图 2-13 所示。

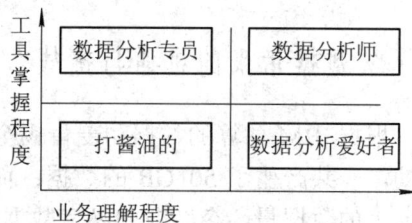

图 2-13 数据分析人员层次图

(5) 数据可视化。数据可视化是将分析结果用简单且视觉效果好的方式展示出来，一般运用文字、表格、图表和信息图等方式进行展示。Word、Excel、PPT、水晶易表等都可以作为数据可视化的展示工具。现代社会已经进入了一个速读时代，好的可视化图表可以自己说话，大大节约了人们思考的时间。用最简单的方式传递最准确的信息，这就是数据可视化的作用。

在数据可视化过程中，需要注意的事项：

· 数据图表主要作用是传递信息，不要用它们来炫技，不要舍本逐末般过分追求图表的漂亮程度。

· 不要试图在一张图中表达所有信息，不要让图表太沉重。

· 数据可视化是以业务逻辑为主线串起来的，不要随意的堆砌图表。

· 不要试图用图表去欺骗人，否则你的结果会很惨。

(6) 应用模块开发。对于那些标准化程度比较高的数据以及使用频率比较高的分析文件，可以开发成一种固定的模板格式，这样的好处是标准化、程序化，并且会大大节约时间。

(7) 分析报告。分析报告是数据分析师的产品，可以用 Word、Excel、PPT 作为报告的载体。写数据分析报告就犹如写议论文，必须要有明确的论点，有严谨的论证过程和令人信服的论据，虽然在报告中不一定都要将三者呈现出来，但是论点是一定要有的。其次在写分析报告之前，一定要弄清楚你是在给谁作分析报告，对象不同，关注点自然不一样。

写数据分析报告的注意事项：

· 不要试图面面俱到，一定要有重点，可以聚焦在关键业务以及受众的关注重点上。

· 不要写成记叙文，要写成议论文，要有论点、论据、论证。其次需要注意的是同一主题下的论点不能太多，建议最好不要超过三个。

· 报告需要有逻辑性。一是报告各部分内容之间的逻辑性；二是某一个内容的逻辑性。前者可以利用业务间的逻辑来串联，后者一般遵照发现问题、解读问题、解决问题的逻辑。

· 数据分析报告要有很强的可读性，尽量图表化，千言万语不如一张图。

· 不要回避"不良结论"，有时候做数据分析也是一个良心工程。

· 报告中务必注明数据来源、数据单位、特殊指标的计算方法等，尽量少用或者不用专业性强的术语。

(8) 模板应用。数据分析报告并不是数据化管理流程的终点，它反而是数据化管理流程的另一个起点，数据化管理的目的是为了应用，没有应用的流程是不完整的。应用就是将数据分析过程中发现的问题、机会等分解到各个业务单元，并通过数据监控、关键指标预警、对趋势进行合理判断等手段来指导各部门的业务提高。

五、大数据带来的机遇与挑战

根据 IBM 估算的数据和麦肯锡全球研究院的数据表明，19 世纪和 20 世纪的人类生产活动，一共产生了 50 GB 的数据；而在 2011 年，人类产生相同的数据量只需要两天。这么庞大的数据量，令企业的私有数据及数据分析能力成了企业独一无二的资源。通过数据管理，对企业来说能够迅速降低制造和组装成本，提高净利润；能够实现产品的创新，提高自己的竞争力；能够获得特定用户的行为特征，获得高附加值和溢价等。企业迎来了机遇也面临着挑战。

1. 数据的资源化

资源化是指大数据成为企业和社会关注的重要战略资源，并已成为大家争相抢夺的新焦点。因而，企业必须要提前制定大数据营销战略计划，抢占市场先机。

2. 与云计算的深度结合

大数据离不开云处理, 云处理为大数据提供了弹性可拓展的基础设备, 是产生大数据的平台之一。自 2013 年开始, 大数据技术与云计算技术紧密结合, 预计未来两者关系将更为密切。除此之外, 物联网、移动互联网等新兴计算形态也将一齐助力大数据革命, 让大数据营销发挥出更大的影响力。

3. 科学理论的突破

随着大数据的快速发展, 很有可能引发新一轮的技术革命。随之兴起的数据挖掘、机器学习和人工智能等相关技术, 可能会改变数据世界里的很多算法和基础理论, 实现科学技术上的突破。

4. 数据科学和数据联盟的成立

数据科学已成为一门专门的学科, 被越来越多的人所认知。各大高校设立专门的数据科学类专业, 也催生一批与之相关的新的就业岗位。与此同时, 基于数据这个基础平台也将建立起跨领域的数据共享平台。之后, 数据共享将扩展到企业层面, 并且成为未来产业的核心一环。

5. 数据泄露泛滥

未来几年数据泄露事件的增长率也许会达到 100%, 除非数据在其源头就能够得到安全保障。可以说, 在未来, 每个财富 500 强企业都会面临数据攻击, 无论他们是否已经做好安全防范。而所有企业, 无论规模大小, 都需要重新审视今天的安全定义。企业需要从新的角度来确保自身以及客户数据, 所有数据在创建之初便需要获得安全保障, 而并非在数据保存的最后一个环节, 仅仅加强后者的安全措施已被证明于事无补。

6. 数据管理成为核心竞争力

数据管理成为核心竞争力, 直接影响财务表现。当"数据资产是企业核心资产"的概念深入人心之后, 企业对于数据管理便有了更清晰的界定: 将数据管理作为企业核心竞争力, 持续发展, 战略性规划与运用数据资产, 成为企业数据管理的核心。数据资产管理效率与主营业务收入增长率、销售收入增长率显著正相关。此外, 对于具有互联网思维的企业而言, 数据资产竞争力所占比重为 36.8%, 数据资产的管理效果将直接影响企业的财务表现。

7. 数据质量是 BI(商业智能)成功的关键

采用自助式商业智能工具进行大数据处理的企业将会脱颖而出。其中要面临的一个挑战是: 很多数据源会带来大量低质量数据。想要成功, 企业需要理解原始数据与数据分析之间的差距, 从而消除低质量数据并通过 BI 获得更佳决策。

8. 数据生态系统复合化程度加强

大数据的世界不只是一个单一的、巨大的计算机网络, 而是一个由大量活动构件与终端设备提供商、基础设施提供商、网络服务提供商、网络接入服务提供商、数据服务使能者、数据服务提供商、触点服务、数据服务零售商等一系列的参与者共同构建的生态系统。而今, 这样一套数据生态系统的基本雏形已然形成, 接下来的发展将趋向于系统内部角色的细分(市场的细分)、系统机制的调整(商业模式的创新)、系统结构的调整(竞争环境的调整)等，从而使得数据生态系统复合化程度逐渐增强。

六、大数据应用及常见数据统计平台

(一) 大数据的应用

洛杉矶警察局和加利福尼亚大学合作利用大数据预测犯罪的发生。

Google 流感趋势(Google Flu Trends)利用搜索关键词预测禽流感的散布。

统计学家内特·西尔弗(Nate Silver)利用大数据预测 2012 美国选举结果。

麻省理工学院利用手机定位数据和交通数据建立城市规划。

梅西百货的实时定价机制则是根据需求和库存的情况，基于 SAS 的系统对多达 7300 万种货品进行实时调价。

医疗行业早就遇到了海量数据和非结构化数据的挑战，而近年来很多国家都在积极推进医疗信息化发展，这使得很多医疗机构有资金来做大数据分析。

(二) 常见的数据统计平台

1．网站分析工具

谷歌统计：http://www.google.cn/Intl/zh-CN_ALL/anayltics/index.html.

百度统计：http://www.tongji.baidu.com/

CNZZ：http://www.cnzz.com/

ALEXA：www.alexa.com/

2．APP 数据平台

App Annie：https://www.appanie.com/cn/

有盟：http://www.umeng/com/

FLURRY：http://www.flurry.com/

3．趋势分析工具

百度指数：http://index.baidu.com/

谷歌趋势：www.google.cn/trends/

4．在线调查工具

麦客：http://www.mikecrm.com/

腾讯问卷：http://www.wj.qq.com/

问卷网：http://ww.wenjuan.com/

应用案例：精准定向营销

某高端连锁餐饮店铺与百度大数据达成合作，通过实时客流统计入店率、成交率、客单价，分析挖掘出高价值明星店与待改进门店，及时优化提升不足。根据到店新、老顾客比例分析，定位到某家门店老顾客近期到店有下降，进而推出老顾客回馈套餐，一星期后，老顾客到店率提升 15%、周合计销售额增长 27%。通过与门店 CRM 系统打通助力会员管理、会员到店实时触达，用户体验得到极大提升。

1. 面向客户

大型购物商城、连锁商超、垂直类零售商等零售企业及零售业咨询服务公司。

2. 解决方案

(1) 精准定向营销。融合到店消费客户的画像、消费数据和百度线上特征数据，构建lookalike模型，锁定潜在目标客户群体，通过线上、线下多种渠道触达，进行有的放矢的个性化推送及精准营销。

(2) 会员价值管理。零售企业会员画像以及线下消费行为数据，叠加百度线上画像及行为特征，构建商场会员流失预警模型以及商场会员价值评估模型。针对高价值会员以及高流失风险会员，分别进行个性化精准推送，从而达到高价值会员挖掘以及流失会员挽留等会员管理的目的。

(3) 顾客深度洞察。从六大维度全面准确地刻画到店顾客的线上、线下行为特征，从基本属性到行为模式、从消费水平到人生阶段，多维度立体化地帮助零售企业全面认识自己的顾客，辅助经营管理。

(4) 客流智能预测。实时监控商场和店铺的到店客流情况，分析新、老顾客比例，重复顾客率、驻店时长及进店时段分布等情况，基于过往历史数据进行客流分析预测，并可在此基础上调整产品和仓储运营、优化停车排队等服务安排和客流引导，从而提升顾客的到店体验。

3. 价值收益

(1) 辅助精准营销，提升营销转化。在深入洞察消费客户的基础上找到更精准的潜在客户群体，通过线上、线下多种渠道进行有的放矢的个性化推送及精准营销，能有效提升潜在客户识别度以及捕获率，从而大幅提升广告投放的ROI，保证营销活动的转化效果。

(2) 优化会员管理，拉动收入增长。基于大数据的流失预警模型，能及时有效地识别有流失倾向的会员，分析原因后有针对性地执行流失挽回方案，能有效降低会员流失率；根据会员价值评估模型进行的个性化精准推送，也能激活高价值会员的潜在消费，有效提升高价值会员的ARPU值，为零售企业带来整体收入有效增长。

(3) 深入洞察顾客，辅助经营管理。帮助零售企业更全面立体地了解到店顾客，据此优化产品、供应链、仓储、运营、服务等方面，降低经营管理成本，间接提升收入增长。

(4) 预测线下客流，提升消费体验。通过获取的实时到店客流情况，分析预测线下客流，提前安排产品仓储、停车排队、引流导购等，借助大数据的力量帮助提升线下到店的顾客黏性。

第三节　微信、微博及其应用

在互联网尤其是移动互联网快速发展的今天，社交媒体已经成为人们日常生活中不可或缺的一部分。微博和微信作为我国社交媒体的两个代表，存在着许多差异。自媒体是依托社会化媒体应运而生的，自媒体在利用微博和微信这两种社会化媒体进行营销时也存在很多不同之处。微博与微信都是拥有数亿用户的免费应用程序，由于能够支持品牌与用户间的双向互动,成为营销传播的有效手段,受到众多企业的青睐。

随着智能手机、平板电脑等移动通信设备的出现,移动互联网这一新兴事物得到了蓬勃发展,我们的生活也从原来的"电视+电脑"的两屏时代进入了"平板+手机+电视+电脑"的四屏时代。而微博与微信正是顺应这一发展潮流,在移动互联时代创立、发展起来的,随着手机网民的快速增长,未来微博与微信的使用人群必将稳步增长。

一、微信

对于微信,相信很多人并不陌生。微信是腾讯公司于 2011 年 1 月 21 日推出的一款通过网络快速发送语音短信、视频、图片和文字,并支持多人群聊的手机聊天软件,是一种更快速的即时通信工具。用户可以通过微信与好友进行形式上更加丰富的类似于短信、彩信等方式的联系。与传统的短信沟通方式相比,微信软件本身完全免费,使用任何功能都不会收取费用,使用过程中产生的上网流量费由网络运营商收取。微信推荐使用手机号注册,并支持 100 余个国家的手机号。它也可以通过 QQ 号直接登录注册或者通过邮箱账号注册。据网络调查,微信附身于手机之上,打通了传统电信通信和移动互联网的界线。2017年 3 月 28 日,腾讯公布 2016 年年度业绩报告,其中指出:腾讯移动支付的月活跃账户及日均支付交易笔数均超过 6 亿。2017 年 4 月 24 日,腾讯旗下的企鹅智酷公布了最新的"2017微信用户&生态研究报告",根据这份报告数据显示,截止到 2016 年 12 月微信全球共计8.89 亿月活跃用户,而新兴的公众号平台拥有 1000 万个。微信这一年来直接带动了信息消费 1742.5 亿元,相当于 2016 年中国信息消费总规模的 4.54%。

微信上的用户情况和使用习惯等大数据,可以从中看出未来人们社交方向的一些转变。

二、微博

微博即微博客(MicroBlog),是一个基于用户关系的信息分享、传播以及获取平台。用户可以通过 WEB、WAP 等各种客户端组建个人社区,以 140 个字左右的文字更新信息,并实现即时分享。通俗的解释是:微博提供了这样一个平台,你既可以作为观众,在微博上浏览你感兴趣的信息;也可以作为发布者,在微博上发布内容供别人浏览。微博最大的特点就是发布信息简捷,信息传播速度快。

最早也是最著名的微博是美国 Twitter(推特)。

2009 年 8 月新浪网站在中国率先提供微博服务,从此微博正式进入中文上网主流人群的视野。

2010 年中国微博像雨后春笋般崛起,四大门户网站(新浪、腾讯、网易、搜狐)均开设微博服务。目前微博已经成为中国网民使用的主流应用,成为网络舆论传播中心,正重塑社会舆论生产和传播机制。

2017 年 1 月 12 日消息,中国移动大数据服务商 QuestMobile 发布 2016 年度报告——2016 年度 APP 价值榜。数据显示,2016 年 12 月,微博月活跃用户数再次实现 46%的增长,在所有 APP 中排名第 8 位,其中高价值用户比例高达 76.3%。微博财报显示,自 2014 年上市以来,微博活跃用户已经保持 10 个季度 30%以上的增长。

三、微信和微博的差异

微信和微博最大的区别在于"精准"两个字。微博是由微博主发一条微博，然后粉丝就可以通过看自己的微博主页，看到微博主发的内容了，但是现在人们关注的博主太多了，所以能看到微博主发的微博是随机的。而微信就不同了，微信公众平台账号发一条群发消息，所有关注的人都会收到这条消息。想象一下吧，如果你走在路上，正在寻找吃饭的地方，微信突然弹出消息说：附近某某馆子有优惠券、可以打折，你是会高兴还是会反感？再想象一下，如果你关注某个服装品牌，微信突然弹出消息说：你附近的某专卖店3折大甩卖，你会不会觉得很实用？

微信上的普通用户之间需要互加好友，才能互相发布信息，它是一种闭环的结构。这构成了对等关系，用户之间是对话关系。微信是不适于信息的广泛传播的，交流形式是一对一的。而微博普通用户之间则不需要互加好友，双方的关系并非对等，而是多向度错落、一对多。微博是开放的扩散传播。微信与微博一个向内，一个向外；一个私密，一个公开；一个注重交流，一个注重传播。

微信是私密空间内的闭环交流，微信用户主要是双方同时在线聊天；微博是差时浏览信息，用户各自发布自己的微博，粉丝查看信息并非同步，而是刷新查看所关注对象此前发布的信息。这种同时与差时也决定了微信与微博的功能与内容的差别。

移动互联时代的到来，移动3G、4G技术的广泛应用，将使微博、QQ、微信、淘宝、UC浏览成为我们生活中不可或缺的部分。移动互联网时代是社交，是娱乐，是信息，是你永远不知道下一步会有什么惊奇，让我们一起开放思想，跟上移动互联时代的步伐吧！

四、微信公众号运营策略

腾讯公司凭借其即时通讯工具QQ，至今已积累了超过十亿的注册用户，其中活跃用户超过七亿。2011年1月21日腾讯继QQ之后推出又一即时通讯服务应用程序——微信(WeChat)，并于2012年8月推出了微信公众平台。通过这一平台，个人和企业都可以通过微信的公众号实现与特定群体的文字、图片、语音的全方位沟通与互动。微信公众平台分为订阅号和服务号，其中订阅号旨在为用户提供信息和资讯，而服务号则侧重于为用户提供服务。

(一) 微信公众平台的运营潜力

在微信发展的过程中，微信已经具备了社交媒体营销的基础。例如"附近的人""漂流瓶""二维码扫描""微店"等。但微信公众平台的开通赋予了其承载信息的媒介职能，这种"用户(微信)—受众(公众平台)—消费者(企业和商家)"的层级转化模式使得微信公众平台在微信运营中格外受到关注。我们可以从微信公众平台资源、微信用户资源以及微信平台与用户间的关系资源三个维度来分析微信公众平台的运营潜力。

1. 微信平台资源

从定位上看，微信公众平台对于订阅号与服务号的区分就是凸显针对性和目标性这一设计理念。企业和商家可以根据自身发展需要，按照"重资讯"还是"重服务"的标准来选择订阅号还是服务号，以合适的平台增强营销的有效性。

从传播形式上看，除了能够传播文字与图片外，微信主打语音播报，此外还具备视频和超链接等功能，这种仅依靠手机就将已有的信息形式汇聚一体的多元性和便捷性，对商家和企业来讲无疑是一大利好，这意味着不再需要多次重复地投资各类传统媒体，提升了信息的覆盖率。

从传播效果上看，微信公众平台是用户根据需求订阅和退订的，用户具有充分的自主权和选择权。另外，用户还能通过回复以及"微社区"等与信息推送者和其他订阅者之间进行沟通和交流，增强了用户与商户之间的互动性，避免了以往营销方式的单向性弊端，大大改善了用户的使用体验，也能使信息发送者获得反馈，调整后续营销策略。

2. 微信用户资源

无论是哪种形式的营销方式，用户始终是其营销的最佳途径和最终目的，微信的用户资源优势表现在庞大和真实两个方面。

首先，微信的基础是 QQ 好友和手机通讯录，而腾讯 QQ 经过这么多年的发展已然成为了中国使用量最大、用户最多的即时通讯软件，这就为微信提供了庞大的用户资源，在推向市场不到三年的时间内，微信用户数量就超过 6 亿，每日活跃用户超过 1 亿。

其次，由于微信的信息扩散是基于真实的社交关系圈进行的传播行为，具有强大的信息扩散潜能，有利于将人际传播的有效性优势转移到网络传播之中，减少了用户对于网络信息虚假性的顾虑。此外，对运营者来说，微信将数据信息还原成了一个真实的"人"，企业可以通过微信号知道用户的性别、位置等基本资料，同时它还成为了像手机号一样的通用 ID，具备了建立用户数据库的可能性。

3. 平台与用户关系资源

同处在互联网时代，不同于 Apple 的纯封闭圈，也不同于 Google 的纯开放圈，微信在公众平台与用户之间所建立起来的是个部分开放的圈子。对用户来说，经过熟人推荐或朋友圈分享去主动关注公众平台，这是一个通过人际传播和口碑传播建立起来的封闭式的平台，存在着圈子认同的情感在里面；而对于运营者来说，一旦用户关注了公众平台，就相当于打开了微信封闭圈的缺口，运营者便可以利用这个缺口向用户传播信息，并借用用户的圈子将营销信息向其他用户蔓延。

正是微信公众平台与用户之间的这种半开放半封闭式的关系资源，使微信公众平台既拥有类似 Apple 封闭圈子的黏合力又具有 Google 开放圈子的聚合力。

(二) 微信公众平台的运营策略

微信公众平台不仅大大提升了微信活跃度，也为微信与其他强劲对手的竞争提供了助力。通过对微信公众号平台运营资源优势和运营现状的分析，可以看出微信对于公众平台的运营策略有以下三个特点。

1. 阶段性策略

虽然有 QQ 庞大的用户群作为支撑，微信兴起之初仍然需要将这些潜在的流量引入进来。因此，在功能的设置上不断进行技术的开发与追赶，从免费短信和语音，到"查看附近的人""扫一扫""摇一摇"，再到朋友圈以及微支付等，都采取了开放的姿态广泛迎合受众需求。

微信公众平台也采取了同样的套路。一开始建立平台，吸引所有的商家和企业进驻，达到吸引关注、导入流量的目的。随着微信逐渐进入平稳发展时期，腾讯开始对微信营销热潮进行收缩。2014 年 4 月起，微信公众平台的官方网站上公布了一系列有关微信公众平台运营规则的系统公告。一方面限制了微信的好友数量，另一方面又以安全为名加大了订阅号的群发控制，每个订阅号必须绑定一个个人微信号，每次发布前都需要通过绑定微信号进行二维码验证方可发送。这被视为微信打压订阅号、减轻微信的媒体属性、防止营销过度的一记重拳。除此之外，微信还将所有服务号的群发次数由原来的每月 1 次改为每月 (自然月)4 次，可见相对于订阅号，微信对于服务号明显的偏向态度。

微信公众平台从一开始的"广招客源"到现在限制和打压订阅号，反映出了微信的阶段性营销策略。微信的订阅号比服务号更有可能被用来作为第三方的营销工具，这不仅会造成微信的流量流失，还会因为过度的资讯泛滥影响腾讯最为看重的用户体验。因此，在微信公众平台的流量趋于稳定之后，迫切需要做的就是收缩第三方营销规模，净化平台环境。

2．专一社交策略

腾讯公司从创立之初就一直坚持"一切以用户价值为依归"，采取"哈客策略"以积分兑换等方式为用户返利，鼓励用户使用其旗下应用。随着企业经营模式的日趋成熟，腾讯公司已经将"哈客模式"融入到企业运营的思维和理念之中，即以受众体验为一切行动的最高宗旨，而不单单是具体的实利反馈。

相比其他微信功能的社交性质，微信公众平台具有十分明显的媒介性质，然而这显然不符合腾讯最初给微信划定的"社交"定位。可以说，社交是腾讯的立根之本，以社交为平台，延伸商业触角是最佳路径。微信在赶超新浪微博的同时也接受了微博沦为商业化营销渠道的教训，力图避免微信重蹈微博的覆辙——用户沉默甚至逃离。微信公众平台的发展，尤其是近期微信订阅号和朋友圈的营销热潮，一度让微信公众平台承担了过重的媒体职能和广告色彩，偏离了"移动社交商业平台"这一主干道。因此，腾讯采取的一系列措施都是希望将微信公众平台"去媒体化"，坚守"专一社交"的阵地，淡化微信公众平台的媒体和营销氛围，使得用户始终停留在微信上，作为一个社交平台，继而可以保证微信在移动端的入口地位。

3．多元经营策略

在当前互联网商业市场竞争激烈的背景下，无论是微信还是其母体腾讯，都不可能单单依靠社交通信这一项业务来维持整个企业的运转和参与同行竞争，多元经营是必然选择。就腾讯来说，通过 QQ 沉淀下来的用户关系是其引以为傲的资本，以这一强大资本为载体开拓旗下多种产品应用，在腾讯客服的官网中，主要分为以下几类：通信、游戏、社区、软件、商务和安全。

微信归类在腾讯产品的通信类别之下，仍然以社交为核心属性，但 2013 年微信升级为 5.0 版本时，新增了微信支付、游戏中心；在"扫一扫"中增加了条形码、封面、街景、翻译的扫描功能；折叠了订阅号的推送，限制了服务类账户的推送次数；在聊天功能之外，SNS 和移动电商也同时成为微信运营的重点。由此可以看出微信在不断进行多元经营的尝试,构建庞大的移动商业生态圈,包括移动游戏、电子商务、O2O 商业模式以及其他基于地理位置的服务等。

微信公众平台打压订阅号而扶持服务号的策略调整,同样是基于优先为自身多元业务输送流量的考虑。订阅号与服务号同为第三方应用平台,但是不同于订阅号的营销属性,服务号可以实现跟开号企业对接,将流量变现,在 SNS 与其移动电商之间搭建桥梁,将线上营销与线上购买和线下经营与线下消费统筹起来,形成完整的交易闭环。

微信公众平台在平台资源、用户资源和平台与用户关系资源方面具有独特优势,这无疑代表了微信公众平台的运营潜力。另外,微信公众平台在试水期和成熟期采取不同的阶段性运营策略,从"敞开大门"成功地导入流量,到"净化空间"规范平台应用,既坚持了"专一社交"的宗旨,又通过版本升级不断调整功能结构,为微信开拓了多元经营策略服务。

微信公众平台的调整在提升用户体验、实现运营转型的同时也可能对微信带来负面影响。对于寄希望于微信的运营者来说,前后策略的大转变以及用户权限规则的调整会形成对微信平台不确定性的高风险印象,再加上微信一直以来对于营销价值的暧昧定位,可能导致用户流失,损害微信的品牌价值。因此,对微信而言,要想依靠公众平台的"鱼塘效应"来实现运营效益的维持和开拓,除了坚持"专一社交"、"多元经营"的策略之外,还需要一个对营销价值更加稳定和明朗的态度。

五、微博应用案例解析

新浪微博是一个由新浪网推出的提供微型博客服务的类 Twitter 网站。2011 年 4 月,新浪微博独立启用微博拼音域名 weibo 为国际域名,同时启动新版 LOGO 标识。2011 年 5 月,新浪微博已将原先的链接正式跳转 weibo.com,用户地址也变成 http:weibo.com。

(一) 新浪微博的商业模式

1. 战略目标

新浪微博的战略目标是发展成为一个适合中国用户的 SNS 应用平台,其定位是成为一款为大众提供娱乐、休闲、生活、服务的信息分享和交流平台。具体可以分为:娱乐——涵盖最全面的娱乐明星与资讯;生活——反映网民现实生活的点点滴滴;快乐——分享发现人们身边的趣闻轶事。

2. 目标客户

新浪微博用户主要是个人用户和机构及组织。个人用户包括普通用户(即草根用户,主要以青年和中年为主)和名人(明星、企业领导人、媒体、学者等);机构及组织主要有公司、慈善机构、政府部门及相关机构,注册微博主要是为了进行营销、树立品牌、举行社会活动等。

3. 产品与服务

微博客服务:新浪微博用户注册后,可以拥有自己的一个独立新浪微博账号,利用此账号,用户可以免费发布和浏览信息。

微博衍生产品:微访谈、微直播、微话题、大屏幕、同城微博、微群等。

应用服务：包括微电台、音乐播放、投票、活动、微数据、微盘等。

手机微博：拥有新浪微博账号的用户，只要下载新浪微博的手机客户端就可以利用移动网络登录新浪微博，享有新浪微博的手机服务。

4．盈利模式

盈利模式由"广告+增值服务+应用"分成。新浪CEO曹国伟先前为微博设定了6种盈利模式：交互广告、社交游戏、电子商务、实时搜索、无线增值、数据服务。而现今微博的主要盈利一是广告收入，二是针对用户的各种增值服务。作为一个信息分享和交流的平台，目前正在开发的是应用平台，而应用分成在未来会成为新浪微博盈利的主要来源之一。

5．核心能力

在核心能力方面，主要从庞大的用户群、高强度的用户黏度，揽括多数名人并利用强大的名人效应，事件策划能力，强大的背景四个方面进行规划和建设。

（二）案例

越来越多的企业认识到微博的重要性，利用微博营销成功的案例有很多，下面分享几个有特色的微博营销案例。

案例一：凡客体，新"病毒营销"

"豆瓣"社区和各门户微博是"凡客体"最早出现的地方。在开心网上，"凡客无处不在""凡客广告球星版"和"凡客火了"等诸多夺人眼球的标题广为传播。微博上，网友们也竞相上传和转发各种不同版本的"凡客体"。在微博上，搜索"凡客体"这个关键词，已有1600多条相关信息，甚至有网友在微博上写着："做'凡客体'上瘾了，怎么办？"

据凡客诚品内部人士介绍说，公司也没预想到这条广告会火到引发PS潮的地步。凡客的"无心插柳"已在网络上掀起一场大范围的"病毒营销"。中央民族大学广告学专业教师范小青表示：VANCL这次营销的最大特点在于，它并不直接产生对VANCL本身产品的口碑，而只是通过恶搞来吸引眼球，提升知名度。传统的营销是通过广告的形式，使客户被动接受产品信息。但是，随着广告数量的急剧增加，不但营销费用高涨，其效果也越来越差。与传统营销方式截然相反，"病毒式营销"多以诱导为主，同时还为消费者提供可参与的娱乐活动，因而受到广泛欢迎。

案例二：Zappos卖鞋网站

Zappos网站的总裁托尼谢说，不要以为140个字符会限制一个品牌。他有一个比喻：任何单一的鸟叫，就像任何一个点，本身可以是微不足道的。但如果随着时间的推移，你最终与很多的叽叽喳喳声连接在一起，就会汇合成一种合唱，在总体上描绘出你的公司，并且最后形成你的品牌。

公司对自己的企业文化有明确的表述，并且深深烙印在每个员工的心里，这就是Zappos企业文化的10个核心价值观。在有了这样的核心价值观具体表达以后，Zappos对凡是到Twitter上开微博的员工，都会先进行一次培训，培训的内容是告诉你表述的方法：

第一，透明度和价值观，不断提醒自己我是谁，我为什么加入Zappos。

第二，重塑现实，用Twitter鼓励自己寻找更积极的方式参与现实。

第三，帮助别人，做能对别人生活产生积极影响的事情。

第四，学会感恩，懂得欣赏生活里的小事情。

这样一来，员工如何写微博就有了指南，但是在风格上，Zappos 虽然鼓励员工发挥个人魅力和个性化的表述方法，但最终是将企业文化生动地传递给社会。于是我们就看到了这样一种结果：400 多只小鸟在各种树木的低杆高枝上鸣叫，各种叫法不同，但是它们是一种合唱，一种令人陶醉的合唱，这样的合唱会促使每一个受众都迫不及待地想进一步去体验公司的文化，享受 Zappos 品牌照耀在自己身上的温暖阳光。

微博的力量是强大的，只要能够合理利用这种营销工具，实时推广，肯定能够为企业开辟出一块新的销售渠道。

第四节　互联网运营

纵观互联网行业，产品设计部门和研发部门一直都是前沿岗位，它们负责产品从 0 到 1 的过程，是创意实现的过程。由于业务职能明晰，因此其方法论的建设和实践较为明确，也容易被从业者学习和运用。相比之下，运营一直是被低估的业务岗位，在整个的方法论上，既不如产品设计岗位的架构清晰，也不如市场营销理论的源远流长。

新浪网的新浪微博是互联网行业中公认的运营能力最强的产品之一。新浪网不仅有着优秀的运营方法论，更有着优秀的运营团队，而团队的成长离不开方法论的学习、验证和迭代。我们回顾新浪网和新浪微博的发展历史，可以很清晰地看到运营在互联网产品中起到的作用。

本节将对运营理念、运营基本手段、运营基本流程以及运营中规避风险等进行阐述，重点掌握互联网的基本运营手段和流程。

一、好的产品是运营出来的

运营是个复杂的工作，它看上去特别细碎且没有章法，甚至会令人感觉工作非常没有成就感。运营看上去需要掌握很多能力，但是如果我们认为某个人"什么都会"，那么就跟我们认为这个人"什么都不会"一样。我们无论是做互联网运营还是解决工作中的其他问题，基础方法都是一致的。一般来说，从了解问题和问题背景、行业和对手的分析与研究、解决问题的手段列举和执行、问题解决之后的反馈和跟进等，都绕不开诸如 PDCA 循环、SWOT 分析法、5W1H 分析法等通用的方法论。

周鸿祎曾经说过：好的产品是运营出来的。在产品被设计和研究出来之后，运营有机会帮助新产品快速地被市场认可，来得到第一个一百万用户的积累；同时还能通过对产品的持续运营来维护用户对产品的新鲜感和投入，并整理分析用户行为数据，反向为产品优化提供最客观的用户真实反馈，帮助产品完成用户留存的目标。

在产品同质化越来越厉害的当下，运营成了同质化产品竞争的法宝，尤其越到产品后期，运营为产品带来的差异化价值越大。这就是为什么我们需要了解运营、研究运营，并且通过运营改进公司和产品的状况。当然运营不是万能的，如果产品不能切实解决某个用户需求，运营也无法改变这类产品的命运，只有基于产品才能策划运营方案。

因此，当市面上没有同类产品的时候，运营对于产品而言是锦上添花，帮助产品快速的占领市场份额，并保持领先优势；当市面上同类产品繁多的时候，运营对产品而言则是雪中送炭，帮助产品快速在市场竞争中脱颖而出。

以面向大众的新浪微博和面向 APP 极客的新产品发现平台 NEXT 为例，看看同样的信息流产品，在面对不同用户设计上有什么不一样的地方。

新浪微博是一个面向大众流量的产品，其界面设计要求非常高，并且每一个步骤的操作文字说明几乎都是不可简化的。即便如此，在父母这一代人用起来，仍然遇到了很多挑战。对于新加入的用户来说依然非常不友好，因为普通用户远比我们想象中要"小白"。

NEXT 是科技媒体 36Kr 面向 APP 极客的科技爱好者推出的，是一款用来发现最新应用的发现平台。由于其目标用户中，科技用户的比例非常高，因此 NEXT 的界面设计非常清晰简单，点赞或者支持的按钮简化到只是一个向上的"尖角"，但是丝毫不影响科技用户的认知和操作。

可以简单地理解为：如果产品的目标用户是普通老百姓，或者说更多是距离互联网特别远的用户，产品设计就更加需要简单易懂。如果我们的目标用户是科技用户，他们经过常年的产品市场教育，非常清楚各种符号代表含义，产品的设计会完全不同。

二、三种常见的运营手段

一般来说，运营的目标不同，基于目标的手段也就不一样。对一个产品来说，基本的运营手段至少包括三种：内容运营、活动运营和用户运营，如图 2-14 所示。

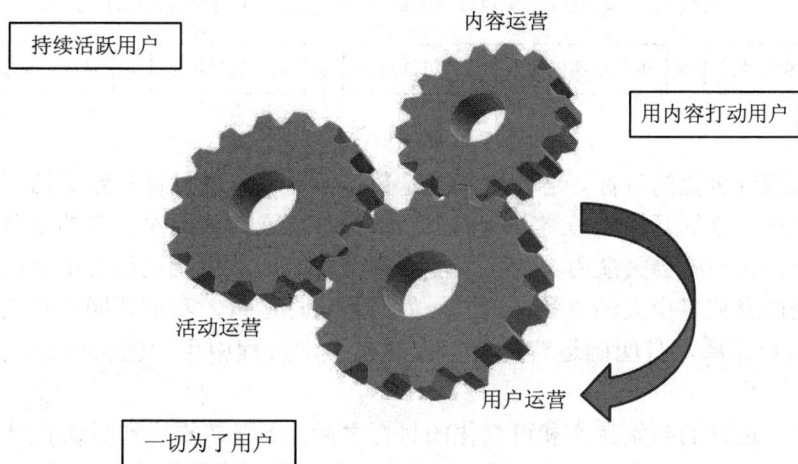

图 2-14　互联网运营手段

内容运营是最古老的运营手段之一。通过内容去打动用户，以内容为主的产品会更有黏性，媒体产品就是一个非常典型的内容产品。微博现在已经成为了一个通过内容去打动用户的产品，所有对新浪微博来说，内容运营是非常重要的手段。

活动运营有两个目标：一个是结合市场部门需求，起到吸引新用户的作用；另一个则是结合用户运营需求，起到活跃用户的作用。做一个活动运营(策划)，我们更关注的应该是执行过程的细节，并通过活动的投入产出来衡量活动效果。

用户运营更多的是能够站在公司的层面去考虑，在不破坏用户体验的基础上去做用户活跃、市场营销、商业化等工作。用户运营的目标就是为了活跃用户的规模。

三、运营的基本流程

在项目管理中，美国质量管理专家戴明有一个非常著名的质量循环理论叫 PDCA 循环。这个循环按照 PLAN(策划)、DO(实施)、CHECK(检查)、ACTION(处置)的顺序进行项目管理，并且循环不止地进行下去，如图 2-15 所示。

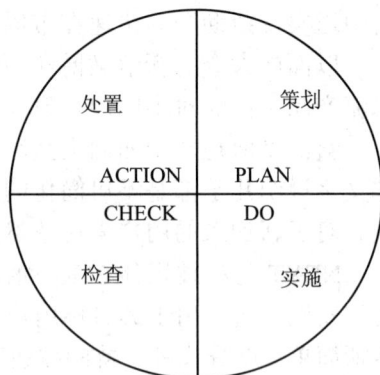

PLAN：包括方针、目标的确定，以及活动规划的制订。

图 2-15　PDCA 循环

DO：根据已知的信息，设计具体的方法、方案和计划布局；再根据设计和布局，进行具体运作，实现计划中的内容。

CHECK：总结执行计划的结果，分清哪些对了，哪些错了，明确效果，找出问题。

ACTION：对总结检查的结果进行处理，对成功的经验加以肯定，并予以标准化；对于失败的教训也要总结，并给以重视；对于没有解决的问题，应该提交给下一个 PDCA 循环去解决。

互联网产品的日常运营其实也在使用 PDCA 循环，在执行运营工作的过程中，有针对性地对 PDCA 循环做相应的改造，就有了如图 2-16 所示的明确的工作方法。

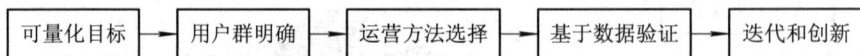

可量化目标 → 用户群明确 → 运营方法选择 → 基于数据验证 → 迭代和创新

图 2-16　互联网运营基本流程

首先是明确可量化的目标。运营的基础是数据，而运营的目标一定是活跃率和活跃用户规模。因此在运营的开始到最终，我们都和数据打交道。如果对运营的细节进行拆分，针对内容运营，我们就会关注内容的生成能力和消费能力，也就是说有多少用户产生了多少内容，这些内容被多少人浏览和评论过；如果是用户运营，我们要明确初始状态的用户规模和活跃用户比率，且明确运营的目标值是多少，过程中用户流失的情况是怎样的，等等。

一旦明确了运营的初始状态和可量化的目标之后，我们需要找到明确的用户群。例如，要做一次用户流失后的召回行动，就需要明确定义这一批流失用户，并且获得他们的信息，这才能清楚地了解这些用户的规模、分布，以及使用什么样的召回手段最为有效。

接下来要选择正确的运营方法。如果希望提高用户平均浏览率和人均评论数，我们就需要研究内容运营策略；如果更希望用户登录，而不在意他们到底是要发布内容还是浏览内容，又或者是玩游戏，那么用户运营策略可能更有必要；如果关注到某个运营转化率很低，或者存在模式上的转换可能，那么就要研究用户场景优化和数据策略该如何介入。

当运营开始之后，我们就会进行运营的自验证，这需要数据的支持。运营应该是一个根据数据而不是根据经验调整的工作，通过数据的表现和预期进行对比，研究整个运营过程中用户在什么环节出现了数据下滑，或者为什么没有达到或超出预期目标。

最后，根据数据不断修正运营方法，实现运营的迭代和创新。例如在召回行为中不同的召回方法会带来不一样的效果，如果在运营过程中发现邮件召回的效率很低，而短信召回的效率很高，那么就可以更多使用短信召回；甚至相同的召回手段，不同的内容也会带来非常极端的差别，那么就需要研究内容上应该怎么优化。

运营工作需要复合的能力，要对用户心理敏感，了解用户需求；要有出色的数据分析和研究能力，可以用数据指导工作。既要熟知内容生产的逻辑，又要懂得用户运营的方法，正是因为运营工作的复杂性，方法论才变得不容易被概括。

四、小心运营的"黑天鹅"

黑天鹅事件是指自己没有见过的、不可预知的事件。"黑天鹅"的出现，是由于人的认知有限，并不知道"天鹅也有黑色的"，其出现都不可预见，但是却可以"事后预见"。由于黑天鹅事件的极大冲击力，我们既要防止"黑天鹅"的悲剧发生，也要把握"黑天鹅"带来的机会。

（一）互联网行业的"黑天鹅"

互联网是一个朝气蓬勃的行业，互联网发展的历史只有十多年。在这个"野蛮"生长的年代，到处充满了丛林法则，到处充满了"黑天鹅"的悲剧。

"饭否"是一个2007年成立的类推特(Twitter)网站，也就是大陆地区第一家提供微博服务的网站，如图2-17所示。一直以来，中国互联网行业是复制国外产品最快的行业之一，所以当Twitter出来之后，在新浪微博之前，已经有七八家类推特网站，其中"饭否"是较为出色的一家。此外，同类产品还有"叽歪"，"嘀咕"等。

图 2-17　"饭否"网主页

"饭否"的发展很快，在2009年初已经获得百万用户，是业界公认的微博鼻祖。惠普也成了"饭否"的第一个付费用户，陈丹青、艾未未等名人也加入其中，并带动"饭否"的迅速发展。这是一个言论相对开放的平台，但是由于对政策的解读和执行不够彻底，从2009年下半年开始，被连续关停了505天。而包括"嘀咕""叽歪"在内的同类产品也都被陆续关闭。

在"饭否"关停的日子里，互联网巨头们纷纷抓住了这个时间点发展类推特产品。其中，以 2009 年 8 月开始内测的新浪微博表现最好，并且通过了"草根+名人"的运营方法获得了最后的成功，甚至战胜了腾讯微博。"饭否"的失败是互联网上知名的"黑天鹅"事件。

(二) 降低"黑天鹅"的风险

既然我们身边有可能出现"黑天鹅"，我们该如何降低遭遇"黑天鹅"的风险呢？

在已知互联网行业的黑天鹅事件中，我们看到各企业针对"黑天鹅"的意识几乎为零，甚至就算有这种意识，也仅仅停留在高层的口头上。一方面企业打擦边球，甚至对政策不以为然，希望以大用户量倒逼政府改变政策的行为比比皆是；另一方面，对对手和巨头的过于轻视，也是导致惨剧发生的重要原因之一。

很多人都知道预防比治疗更重要。事实上，很少人做预防，也很少人因为预防而获得奖励。我们总是为已经发生的事情担忧，却从来不担忧没有发生的事情。我们喜欢可触摸的、被证实的、显而易见的东西，却不愿意理解抽象事物并预测其随机性。

言论逐步自由是互联网的必然趋势，但企业不能因为未来的必然就在当下试探监管部门的底线，而且并没有足够的准备来抵御可能到来的惩罚。2010 年"饭否"创办人王兴在接受采访时候回忆，为了应对政府有关部门对网络言论的监管，"饭否"当时做出了大量删帖、限制敏感关键词、暂停搜索等措施。然而，监管部门并不在意当某些言论出现或者某个事件发生后"饭否"的处理方法和处理速度，而是需要监管机制和为监管机制服务的团队，而"饭否"缺乏的正好是这样一套可以让监管部门信服的流程。

新浪曾经有非常不"人性化"的员工规定，包括要求新浪首页的内容要在三分钟内撤下和删除；要求重要频道必须有人 24 小时值班(包括节假日)；要求所有员工必须任意时刻都能通过手机联系得上，等等。这些规定都是为了保障互联网在新闻报道的过程中，随时防范可能出现的错误并加以及时修正。

而对巨头和对手的过于轻视的行为也出现在大量的互联网产品中。外卖产品的"饿了么""百度外卖"等的崛起，让各类送饭网站纷纷倒闭；"滴滴""快的"在接受 BAT 投资之后，"摇摇""大黄蜂"等就需要迅速转型。这种行业的动荡并非没有征兆，而是团队没有足够的敏感度和迅速转型的能力。

第一，建立自己核心用户的护城河。目前行业的大量产品尤其是 O2O 产品，基本都是通过很粗暴的烧钱模式获得用户，以低价和补贴战胜对手，获得用户之后缺乏对用户的持续教育和培养。这类型的产品并没有自己的核心用户群，或者核心用户群抛弃自己的成本特别低，几乎是零成本。这样的产品模式下，当巨头出现，或者当对手获得大额融资后，其产品就会迅速死掉。

第二，建立行业敏感性。团队尤其是创业团队在战略高度上的敏感性的明显不足是黑天鹅事件发生和误杀自己的重要原因。巨头的进入一定是因为该领域有机会即将成为大领域、大市场，团队应该以在相同的市场搏杀而感到骄傲，但是由于巨头只会选择行业中最优秀的一家或者数家，所以一方面应该提前设想自己是否能成为战场中的一员，如果不能，是否能够找到前两名与其合作甚至将其兼并。而在互联网行业中，大量的行业战争案例是行业中的第一名和第二名打架，第三名死掉。例如杀毒软件市场，"360"和"金山"打完之后,"诺顿"之类的就迅速衰落;交通服务中"滴滴"和"快的"打架,"大黄蜂"和"易到用车"也逐渐被人遗忘。因此,在剧烈变化的行业中,如果成不了战场中的重要力量,合作可能会变得更重要。

第三,建立对事件规模的预先判断。某送餐网站曾经在早期做过全天免费活动来吸引用户,并且获得了订单的爆发式增长,从每天数十到数百单,一下增长到每天数千条,这样的订单数量明显超出了平台的配送能力,以至于后来活动中有接近30%的订单没有办法如期送达,甚至由于这个事件导致客服投诉数量暴增,连客服安抚用户情绪的工作都做不过来了。无法想象如果淘宝在"双十一"活动中由于用户激增导致拓机,会带来多大的经济损失。而对于创业产品来说,这种事件只要发生一次,就可能是毁灭性打击。

因此,正确的理解政策、预估市场发展,清晰的认知自己的能力,并且在发生黑天鹅事件之前做好足够的策略准备,是产品运营的重要职责。

思 考 题

1. 简述网络信息资源的特点。
2. 试比较全文搜索引擎、分类检索、元搜索引擎三种搜索引擎。
3. 简述搜索引擎的工作原理。
4. 简述常用的关键词高级检索功能。
5. 简述基于大数据信息检索的特点。
6. 简述大数据的特征。
7. 简述大数据的总体三层架构。
8. 数据分析主要关注的两个内容是什么?
9. 简述数据挖掘。
10. 简述大数据思维。
11. 简述大数据的价值。
12. 数据化管理的四个层次是什么?
13. 数据化管理的流程有哪些步骤并应该注意哪些事项?
14. 微信公众号的营销策略有哪些?
15. 假如你是某茶品公司的营销人员,如何通过微信公众号进行营销?

第三章　"互联网+"应用模式与平台

本章内容包括"互联网+"带来的商业变迁和重构，大数据从海量到精准，"互联网+"环境下的产业升级，众筹、共享经济的应用场景，"互联网+"下一个风口在哪里等。

本章重点掌握"互联网+"商业、"互联网+"产业、"互联网+"金融、"互联网+"共享经济、"互联网+"创新五个方面的应用模式，同时熟悉基本平台操作思路。

第一节　"互联网+"商业

一组名为"互联网上一天"的数据告诉我们，一天之中，互联网产生的全部内容可以刻满 1.68 亿张 DVD；发出的邮件有 2940 亿封之多(相当于美国两年的纸质信件数量)；发出的社区帖子达 200 万个(相当于《时代》杂志 770 年的文字量)；卖出的手机为 37.8 万台，高于全球每天出生的婴儿数量 37.1 万……在这么庞大数据中，如何寻找到有利于自己公司经营和发展的数据？商家又如何运用这些数据反哺自己的企业？大数据在整个商业链条中扮演了怎样的角色？要在这个瞬息万变的时代继续走下去，这些都是我们需要思考的问题。

一、"互联网+"带来的商业变迁和重构

以传统企业商业模式为例：厂商成立公司并创立一个品牌，聘请一些设计师(自创或模仿最新潮流设计)设计出一些产品，确定产品款式和制定好阶梯价格之后，各地方招募经销商，可分大区、省代、县代等各级代理，自己直营或者经销商开门店加盟形式，每年经销商到厂商这边开一些订货会，寻找媒体宣传厂商品牌，有电视、杂志、地推等各种宣传方式，品牌商的工作就是把货卖给渠道，然后品牌商的销售就完成了。

一个完整的销售系统建立了，但是这个货是不是到了消费者手里了呢？其实这个品牌商很难知道。而且这个货到底卖给哪些消费者了呢？购买这些的消费者到底有什么喜好呢？当这个品牌进入市场之后，整个市场反映是滞后的。所以在传统模式下是以生产为导向，整个供给是以填鸭式供给经销商、代理商、直营店，所以出现了很多悲剧。敏感度对于上游的品牌来讲是完全后置的，比如经常会听到服装行业的库存压力。

互联网的到来冲击到了传统行业，很多人也在责备互联网破坏了原有的商业形态和模式，但不管冲击到底有多严重也阻止不了互联网的发展。国内最早提出"互联网+"理念的是于杨，他认为：今天你做的是哪一行业，是服务业、是实体的制造业，还是我们所谓的金融服务业，所有的这些意味着将要被互联网改变，都会以"互联网+"这样的一个方式。"互联网+"把互联网作为主语，是用互联网加上很多行业，本质上来说就是利用互联

网这种思想，这种连接的思维，如在你做的产品里面，用互联网思维改造你的产品体验，过去仅是卖给客户的商品，如今变成了你跟客户的连接。

未来所有企业都将与互联网有联系，甚至国内最大的电商平台阿里系提出：2017年将不再提电子商务之说，就和现在人们用电一样，没有边界，不再有互联网企业和非互联网企业之分。就在我们惊叹互联网的飞速发展之际，万物互联的智能互联网已经发轫了！

"互联网+"带来的商业变迁到底有哪些呢？

第一，数字社会将会迎来新一波发展潮流，它是互联网从商业的价值传递环节向价值创造环节渗透。"互联网+"思维成为传统行业创新的焦点，也将改变传统行业数字化重构的起点。数字是越用越值钱，比如传统的商业市场调研，我们的过程是这样的：先确定一个大区，然后汇总调研问卷，再分组去各个业态了解调研问题并采集数据，如果项目够大、业态够多，花费相应增加，人员、住宿、时间成本非常高，如果中途工作人员工作不力，可能采集数据不准，会影响到调研结果。互联网出现就不同了，数据可以分析、采集，甚至可以监控到每个消费者。

第二，整个互联网的发展面临着消费升级，互联网会改变供给与需求的产生。在传统商业主要是供给为主导的需求方式，有什么产品先生产出来，然后再经销出去。随着互联网的参与，可以根据消费者的喜好和需求进行个性化定制，需求是可以被创造出来的。比如小米公司一开始是卖手机，通过饥饿营销聚集了大量粉丝，经过粉丝运营、顾客分析，又开发很多跨界产品，如乳胶床垫、加湿器、小米手环等，这是传统企业无法做到的，互联网接入之后就变得容易操作了，通过用户数据分析了解需求，同时可以创造出需求。

第三，互联网给传统商业带来的变革也体现在称谓上，互联网用"用户"代替了"顾客"。在过去，我们的每一笔交易通常发生在10米之内，我们的声音消息在20米之内，我们的朋友在2公里之内，我们的生活半径在10公里之内，我们品牌通常传播在50公里之内，电视媒体、杂志媒体的传播要付出巨额广告费。在互联网加入之后，我们的交易将不再受距离的阻碍。随着互联网与商业融合，我们会看到整个社会存在着一种消费升级的机会，推动整个消费、推动整个交易，扩展到生活的方方面面，一直到产业的各个方面。

第四，"互联网+"与商业结合之后，解决了信息不对称问题。过去做生意，商品从商家到消费者手里，经常层层代理，利润都在中间递增。在互联网条件下信息对称推动了整个商业的变迁，减少了中间商的层层参与，缩短了用户与消费者沟通的成本。

第五，"互联网+"产品是利用消费者的数据、接触点、洞察力，重构整个消费供应链，它并不是把产品放在网上去销售这么简单。在网络上浏览和注册信息都会留下数据，通过数据跟踪挖掘需求，利用需求改造自己的产品，最终让用户得到更好的满足。

第六，消费者与商家的互动，通过AR+LBS技术的结合，把网络和实体打通，增强了消费体验。比如在实体商场逛街，试穿衣服觉得满意，可以通过手机在线购买，就近门店立即配送并送货上门。通过数据会员信息融合，实现全渠道消费者运营。随着互联网深入，将会彻底抛弃线上与线下企业之分，融为一体。大数据构建专属购物场景，个性化消费时代来临。VR购物技术生成可交互的三维购物环境，戴上一副链接传感系统的"眼镜"，就能"看到"3D真实场景中的商铺和商品，实现各地商场随便逛，各类商铺随便试。

互联网思维就是在(移动)"互联网+"大数据、云计算等科技不断发展的背景下，对市场、用户、产品、企业价值链乃至对整个商业生态进行重新审视的思考方式。

二、原来你是这样的O2O

2015 年被称为 O2O 的"爆发之年",大批 O2O 企业如雨后春笋般令人目不暇接,迅速覆盖到人们日常生活的方方面面,甚至改变了人们的生活习惯。

然而仅仅一年的光景,在 2016 年的经济发展高频词中,我们几乎已经看不到"O2O"的影子,取而代之的是直播、共享等新名词。自 2015 年底至今,O2O 遭遇了名副其实的资本寒冬,不再是投资者眼中的香饽饽,O2O 行业俨然已经变成了一个残酷的战场,所涉及的各个领域,包括餐饮、生活服务、汽车、洗染等,都有大批的企业走向死亡,用哀鸿遍野来形容也不为过,如图 3-1 所示。从谈互联网必谈 O2O,到如今的无人问津,人们终于开始理性地思考什么才是 O2O。

序号	品牌名称	成立时间	所在地	主营业务
		餐饮O2O		
1	饿乐777	2011年7月	江苏	提供于乐、餐厅优惠、活动信息会员交流等服务
2	峨翼天使	2011年7月	北京	手机点餐系统及餐饮服务商
3	好吃佬美食网	2011年12月	湖北	武汉地区的O2O餐饮平台
4	菜谱网	2012年10月	浙江	基于地理位置的美食信息服务
5	Q点外卖	2012年12月	广东	前身是"叫饭",手机外卖服务应用
6	果粉厨房	2013年5月	北京	面向白领的在线订餐及安全配餐服务平台
7	有饭局	2013年6月	北京	美食社交应用
8	好好吃	2013年6月	广东	短视频形式的美食分享和引导应用
9	烧饭饭	2014年11月	上海	上门烧饭服务
10	e食e客	2013年9月	上海	基于地理位置的美食O2O
11	呆鹅早餐	2014年11月	浙江	早餐预定平台
12	砧板先生	2014年11月	深圳	半成品O2O
		出行O2O		
1	打车小秘	2011年7月	北京	手机打车App,易到用车团队开发
2	摇摇招车	2011年11月	北京	智能招车应用
3	拼豆拼车	2012年4月	北京	拼车信息快速发布及匹配平台及App
4	堵车么	2012年7月	北京	分享实时路况应用,提供城市出行互动平台服务
5	打车吧	2012年9月	北京	打车应用
6	云代驾联盟	2012年10月	北京	绅结代驾公司共享服务资源的创新服务联盟
7	大黄蜂打车	2013年3月	上海	打车应用
8	51打的	2013年3月	北京	打车应用
9	开8拼车	2013年4月	北京	基于地理位置提供拼车服务的App
10	淘代驾	2013年7月	北京	自助代驾司机搜索服务平台
11	爱拼车	2013年11月	北京	P2P智能拼车服务平台
12	cocar共享租车	2014年9月	上海	P2P租车平台,用户可将闲置车辆组给有需求的人
		健康O2O		
1	金健康伴侣	2013年10月	北京	健康管理
2	医生之家	2013年10月	北京	执业医生、医务人员分享交流服务
3	上海怡平科技	2013年	上海	糖尿病管理服务
4	生命之源	2013年7月	无锡	女性经期管理服务
5	哆哆健身	2013年7月	北京	专业无器械健身方案和工具的在线健身服务
6	规律睡眠	2013年7月	杭州	睡眠健康管理和服务工具
7	营养膳食指南	2013年8月	上海	食物营养含量分析推荐
8	一号医网	2011年6月	上海	专家诊疗、健康档案管理、医患交流社区、健康自测及电子病历
9	吃吉	2013年6月	成都	对症食物查询网站及健康
10	51健康网	2013年10月	上海	健康生活方式的倡导服务
11	FitRoot	2012年11月	北京	运动及步行数据记录服务
12	360整形助手	2013年5月	北京	整容整形的问答咨询、知名医院整形优惠项目推荐分享
		房产O2O		
序号	品牌名称	成立时间	所在地	主营业务
1	购房网	2012年8月	北京	在线房产评估服务
2	移居网	2013年1月	上海	海外房地产交易网站
3	快租	2013年1月	上海	提供真实房源租赁的网站及APP
4	看房网	2013年4月	长沙	房产推广与看房服务
5	爱租网	2013年4月	成都	校园短租在线预订
6	V租房	2013年7月	北京	基于微信的租房业务平台
		美业O2O		
序号	品牌名称	成立时间	所在地	主营业务
1	宝贝盒子	2012年3月	上海	为时尚女性提供个性化、专业真实的心得分享与购买指南
2	美妆	2013年4月	上海	在求美者间寻求精品的发艺人中建立一个跨平台线上交平台
3	简丽网	2013年	常州	为消费者提供专业的本地美发预约指南
4	放心美	2013年7月	北京	基于地理位置帮助用户寻找发型师,实现用户和发型师的对接
5	Show发	2013年	深圳	支持找发型、试造型、秀发型、寻找和预约发型师等
6	发风吹	2014年9月	北京	为用户提供预约、消费、优惠及社交圈服务的手机APP
		婚庆O2O		
1	红运娃娃	2011年6月	北京	婚庆
2	帅小子	2013年4月	上海	婚纱照网购预定服务网站
3	IDO婚礼分享	2013年	北京	记录浪漫分享婚礼喜悦的应用
4	酷结网	2014年5月	北京	婚庆
5	定酒宴网	2011年6月	上海	宴会分销网站

图 3-1　O2O 死亡名单(不完全统计)

我们都知道,O2O 最早是在 2011 年 8 月被 Alex Rampell 提出的,他定义的 O2O 商务的核心是:在网上寻找消费者,然后将他们带到现实的商店中。它是支付模式和线下门店客流量的一种结合。这种电商模式在美国横空出世之后迅速被引进我国，改变了实体店被纯电商碾压的形势，引起业内外的广泛关注，得到了众多风投的青睐，筹集到大量的资金，成为近几年最烧钱的行业之一。

如此高大上的O2O确实迷惑了很多人，做电商的、做互联网的，如果言辞间不带几个O2O，分分钟变局外人。可是目前所有所谓的O2O，深思起来，似乎只是流于表面的形式，在传统服务业中简单粗暴地加一个移动互联网，貌似就是O2O的全部了，而忘记了商业的本质和服务业的原本价值。如果不能给用户创造新的价值，不断提升用户体验，而只是在初期的时候砸钱补贴，吸引用户，吸引到用户后又逐渐加价、抬高消费成本，那么用户终将弃你而去。

对于一些风险投资来说，也把O2O当成了一个急功近利和博彩的工具。他们在给创业者带来首批资金的同时，还在不断地寻找第二轮、第三轮、第N轮资金，目的就是为了上市圈钱，让人接盘，最后把负债转嫁给更广大的投资者。有人甚至评价：现在很多O2O项目，挂上一个移动互联网概念，实质上成了资本的庞氏骗局。

在这个浮躁而不择手段、不负责任的大环境下，O2O市场一片狼藉。截至2015年底，根据水滴数据平台对3000家O2O项目的经营状态调查，已经关闭的项目达到了874家，部分项目的公司也已经注销，占据整体的29%；被收购的项目有65家，占全部项目的2%；转型的项目达到27家，占全部的1%。

综合来看，已经有近三分之一的项目关闭、被收购或转型，而这一数据随着资本浪潮的退去，还将不断扩大。

由于O2O各细分领域竞争激烈，同质化严重，盈利模式模糊，几乎目前所有的O2O企业都是依靠风投资金驱动的，而当红红火火、势头强劲的A轮资金消耗殆尽，面对B轮、C轮等融资节点的高要求只能望洋兴叹。目前来看，近七成企业挺不过B轮融资，而"C轮死"已成为行业不得不面对的难题。即使是一些领头O2O企业，靠砸钱做到了行业领先，但也不盈利，产生了巨亏和线下的无底线竞争。

直到面临这样的局面，人们才开始认真思考O2O的本质。

其实O2O这个词的推出，一是为了和B2B、C2C等模式叫法统一；二是为了给团购一个高大上的商业模式去融资上市，算是非常不靠谱的一个概念，几乎没人能解释清楚。从"O2O"到"本地化生活服务"、从团购到"去团购化"，电商和互联网的发展不断证明了"O2O"这个词已经不能承载O2O实际涵盖的商务理念和模式。真正的O2O早已脱离了当初的线上、线下的"引流"功能，向着更立体、更交叉的方向发展。

那么真正的O2O是怎样的？

作为一个融合了线上、线下的各种商务活动、服务形态、交易形态及良好用户群体闭环的一种十分复杂和健康的生态链，真正的O2O至少可以有以下几种形态：

1. 资源整合

2016年，国内硕果仅存的O2O行业内横向整合态势凸显，58同城和赶集、美团、大众点评、携程和去哪儿纷纷选择合并。抱团取暖的企业中最具代表性的当属滴滴和快车，在经历了疯狂的烧钱大战之后，两家公司宣布战略合作，整合之后滴滴逐渐占据了主导地位。这些都让我们重新思考O2O的本质，这个本质应该是一种连接。

以某个产品或是某项服务为切入点，进行多方合作，建立从上游到下游的行业链，期间共享信息和资源。这种形态虽然是O2O最为理想的一种形态，然而在实际操作中，更直接的连接意味着更高的成本，并且需要强大的资源整合能力，需要政策支持、经济环境以及各方资源的配合。在当今这个高度分工的社会，这样的能力对于很多行业大佬而言都很难，何况是刚创业的公司。

2．用户部落

互联网时代尤其是移动互联网时代，用户部落是指一大群志趣相投的粉丝和用户聚集在一起形成的一个特定的产品用户群体。小米联合创始人黎万强在"参与感"一文里提到：用户在追求产品或是服务过程中经历了"功能—品牌—体验—参与"四个阶段，而这几个阶段对应在马斯洛需求理论中则是"生理需求—安全需求—情感需求—尊重需求"，未来还需要的终极需求则是"自我实现需求"，产品或服务的决定权完全掌握在消费者手里。那么未来无论是产品或是服务都将会以小众化、个性化的形式出现在消费者面前，小米和苹果那种一个产品能够横扫天下的局面将不会再成为主流。

3．团购+O2O生活服务形态

经过几年时间大浪淘沙，团购行业进入成熟期。成熟的结果是各大团购网站都不想再专注于团购服务。

从2014年开始，"去团购化"成为大家明里暗里都在做的事，各大团购网站开始弱化团购，尝试转型O2O生活服务消费平台。

2014年第四季度，Groupon在发布财报时宣称将转型电商平台。

2015年7月底，Groupon正式发布了一款为Groupon To Go的产品，向用户提供外卖服务。作为一家标志性的美国上市公司，团购鼻祖Groupon的一举一动都牵动着中国团购市场的走向。而对于团购企业来讲，Groupon的转型则意味着要想寻求新一轮融资或赴美上市就需要讲出新的故事了。这里不得不提一下2015年上市的窝窝团，窝窝团从2012年起就开始尝试转型商城模式，为商家提供在线品牌专卖店。当时的团购正处于如日中天的上升期，窝窝团的转型让很多人为之不解，而两年之后，活着的团购网站都开启了转型步伐。如今看来，窝窝团的转型是经过深思熟虑的，发现团购模式并不适合长远发展，而经过两年时间的积累，率先转型的窝窝已完成从"团"到"商城"的蜕变，成功变身生活服务类商城。

经过几轮残酷的洗牌，中国团购市场格局已经趋于稳定。2014年，大众点评获得腾讯投资、百度全资收购糯米之后，美团网依然稳坐团购市场第一把交椅。但团购市场的日渐饱和，中国经济的增长率的持续下跌，即便是稳坐第一把交椅的美团网，其市场份额也很难再出现更大的提升。

转型迫在眉睫，但转型之路关山重重。2016年9月26日，美团宣布已完成全资收购第三方支付公司钱袋宝，虽然没公布收购资金，但坊间传言此次收购烧钱至少13亿，这意味着美团终于有了自己的支付渠道，但也因为如此，美团和腾讯的合作变得没有多大意义了。而地图体系又要如何解决，是不是还要继续烧钱买，若真要买，上哪里买？钱又从哪里来？

从美团我们可以看到,纯团购出身的平台从团购到"团购+O2O生活服务形态",光基础建设就要走很长的一段路,更不用说还有后续的管理、运营、资源调配等问题。但值得肯定的是,尽管这个过程是十分艰辛的,但走向O2O是必然的。有人说团购终将走向消亡,但至少从目前来看,团购通过行业内的洗牌和自身的不断转型,已经在形成一种较为成熟的新模式,尽管我们还不能清晰地给这种模式一个名字,但是相信它会朝着更好的方向发展,因为用户对团购及O2O服务的本质需求是始终存在的。

说到这里,让我们重新审视下O2O。抛开概念的光环,拨开资本的迷雾,我们会发现O2O其实是"互联网+商业"的必然,它的本质是通过互联网信息优势分享富余资源和改善非理性溢价,实现消费者剩余价值和生产者剩余价值的最大化,它的伟大之处是真正做到了关注人本身,从个人需求出发,只是在目前它真的还未成型,一切都还在摸索之中,这个过程看起来十分残酷,但相信经历不断地洗牌和融合后,更加成熟的O2O会为消费者和商家带来更好的服务。

三、睁着眼睛做电商

互联网时代的大数据和传统的数据收集有很多不同之处,我们通过销售渠道的示意图来解释。吃穿住用行的销售无非就是通过线下或线上渠道来售卖,如图3-2所示。

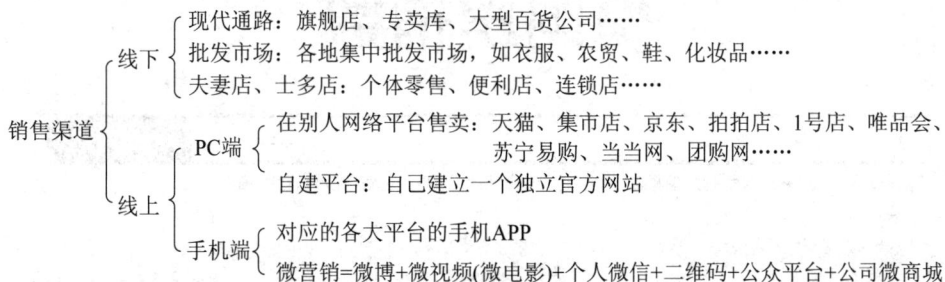

```
                    ┌ 现代通路:旗舰店、专卖库、大型百货公司……
              线下 ┤ 批发市场:各地集中批发市场,如衣服、农贸、鞋、化妆品……
              │     └ 夫妻店、士多店:个体零售、便利店、连锁店……
销售渠道 ┤
              │           ┌ 在别人网络平台售卖:天猫、集市店、京东、拍拍店、1号店、唯品会、
              │     PC端 ┤                       苏宁易购、当当网、团购网……
              线上 ┤     └ 自建平台:自己建立一个独立官方网站
                    │           ┌ 对应的各大平台的手机APP
                    手机端 ┤
                          └ 微营销=微博+微视频(微电影)+个人微信+二维码+公众平台+公司微商城
```

图3-2 销售渠道图

传统的营销数据通过各种销售路径采集,真正到顾客会经过很多中间渠道。积累顾客是不断做品牌、不断去影响周围物理距离的消费者,是需要漫长过程的。

互联网时代的大数据讲究全量数据,数据没有有用或没用之分,积累用户需要经历三个阶段:

第一阶段:用户识别,基于市场大数据,识别目标用户的需求。

第二阶段:用户转化,把精准目标用户转变成销售购买用户。

第三阶段:用户留存,锁定某个用户,让其变成产品的忠实用户。

在整个过程中,大数据的提取是主要的驱动力量。商家利用完整的用户行为创建分群,真正实现精细化用户运营。商务的本质还是做生意,只是现在通过"电子"方式在网络平台做生意。怎么在众多商家中脱颖而出,而数据化的运营越来越符合人们的需要。

我们以阿里数据作为案例来分析。

当我们在选择行业或选择做哪个产品时,经常会出现这样类似的问题"今年做什么好呢?哪个行业赚的多呢?"那我们通过阿里指数大数据为例来从头到尾阐述一遍。在选择

的某个市场之前，我们会有很多疑问：

每年哪个月，什么样产品好卖？

你什么时候入市比较好？

你知道什么时候清仓可以减少损失？

你知道你的买家都是需求什么？

你知道你的竞争对手都做什么？

市场是否饱和？

是否存在过度竞争？

产品价格怎么定？

······

数据分析到底有什么用？数据分析对商家来说最直接的就是定位，产品定位、价格定位、消费定位等。

中国现在的年消费市场总额是 25 万亿元，随着信息技术越来越完善，手机购物越来越普及，智能上网越来越方便，以后都不会区分谁是电子商务企业谁是传统企业，各行各业多多少少都融入电子商务运营，数据化越来越符合商家的需求。

通过阿里指数大数据分析之后(如图 3-3 所示)，很多信息都明确了。

图 3-3　阿里指数

我们以"连衣裙"为例来阐释如何选择行业及如何看数据(根据市场卖家的购买数据做出分析，仅供参考)。

供给布料供应商会通过数据来为工厂采购。首先要看大盘市场哪些是最需要，发现"纯色""印花""条纹"属性的连衣裙是受消费者喜欢的，如图 3-4 所示。

连衣裙**热门基础属性** ⑦

图案 流行元素 风格 工艺 袖长

1688热门属性

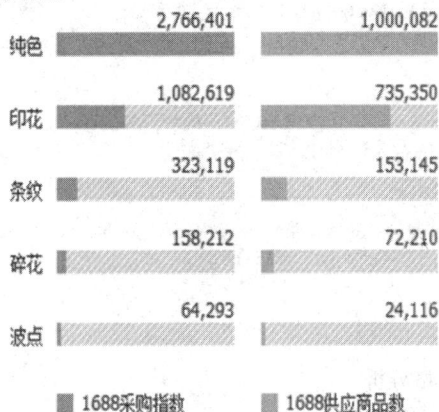

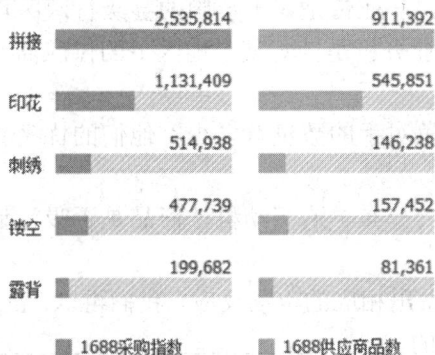

	2,766,401	1,000,082
纯色		
	1,082,619	735,350
印花		
	323,119	153,145
条纹		
	158,212	72,210
碎花		
	64,293	24,116
波点		

■ 1688采购指数 ■ 1688供应商品数

数据解读

1.最近30天,连衣裙行业在1688市场的热门图案为:
纯色,印花,条纹,碎花,波点

2.预计未来一个月,1688市场连衣裙行业的热门图案为:
纯色,印花,条纹,碎花,波点

3.预测结果仅供大家参考,建议用户参考热门属性预测值与自身情况,生产或采购更加符合市场潮流的商品。

图 3-4　连衣裙属性

通过看流行元素会发现"拼接""印花""刺绣"受到买家喜欢。同时根据之前的大数据积累预计未来一个月,1688市场连衣裙行业的热门流行元素为:拼接、印花、刺绣、镂空、露背,如图 3-5 所示。

连衣裙**热门基础属性** ⑦

图案 流行元素 风格 工艺 袖长

1688热门属性

	2,535,814	911,392
拼接		
	1,131,409	545,851
印花		
	514,938	146,238
刺绣		
	477,739	157,452
镂空		
	199,682	81,361
露背		

■ 1688采购指数 ■ 1688供应商品数

数据解读

1.最近30天,连衣裙行业在1688市场的热门流行元素为:
拼接,印花,刺绣,镂空,露背

2.预计未来一个月,1688市场连衣裙行业的热门流行元素为:
拼接,印花,刺绣,镂空,露背

3.预测结果仅供大家参考,建议用户参考热门属性预测值与自身情况,生产或采购更加符合市场潮流的商品。

图 3-5　连衣裙流行元素分析

通过看风格会发现"欧美""韩版""复古"受到买家喜欢。同样根据大数据分析预计在未来一个月,1688市场连衣裙行业的热门风格为:欧美、韩版、复古、文艺等,如图 3-6 所示。

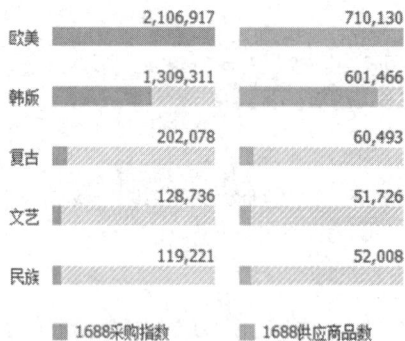

图 3-6 连衣裙风格分析

通过分析之后，就会得出"纯色""拼接""欧美"是市场上最受欢迎的、需求量最大的连衣裙供应属性。那么在接下来的生产或采购中，起到重要的指导作用。

调查越清晰、越详细，将更有助于店铺运营。所以综上，通过阿里指数可以得到以下数据：

(1) 行业大盘：主要包括市场行情、热门行情、企业分析。市场行情主要包括市场的综合趋势、价格、采购、供应的趋势；热门行业包括各种热门细分子行业的分析，并对各个子行业做出排序；企业分析针对某个行业下的供应商、采购商的交易情况分等级，用于表明此行业的大小企业占比情况。

(2) 产业基地：主要包括产业带、企业分析。产业带是对于全国的县级行政区域都进行行业的分析，从而得出各地的产业带布局；企业分析是针对某个地区下的供应商、采购商的交易情况分等级。

(3) 对竞争对手数据分析。可以清楚看到竞争对手的数量有多少？他们的优劣势有哪些？他们的价格阶梯和营销手段是什么？

(4) 对消费者调查。消费者的购买能力、年龄分布、购买动机，商品是否吸引他们，评价如何等。

通过大盘数据分析之后，结合自身的优势，做出相应的市场反应。我们再以"连衣裙"类目细分下去，看下商家是如何做到睁眼做电商的。

1. 电商要选择什么样的平台

选择一个平台最重要的原因就是选择流量多的平台。就好比线下实体店选址会选择人流量大的，人流量大生意就好，这两个都有个共同点都是转化率。比如每天经过实体店门口有 100 人，有 3 个人买了，就是 3% 转化率。网络上也是相似，每天 100 人到店铺，有 3 人成交了，就是 3% 点击转化率。所以人越多点击量越多，生意自然就会好，如图 3-7 所示。

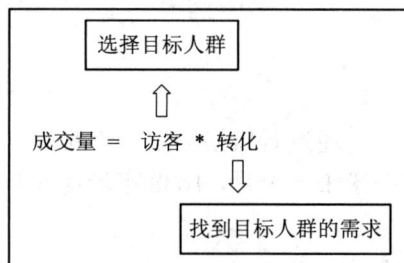

图 3-7 成交量计算图

在国内的电商平台里，目前只有阿里平台人流量是最大的，我们通过 http://www.alexa.cn/ 网页排名，可以了解整个电商平台的人流量，如图3-8～图3-12所示。

当日排名	变化趋势	一周平均排名	排名变化趋势	一月平均排名	排名变化趋势	三月平均排名	排名变化趋势
9	⇩ 1	9	0	13	0	12	0

图3-8 淘宝平台

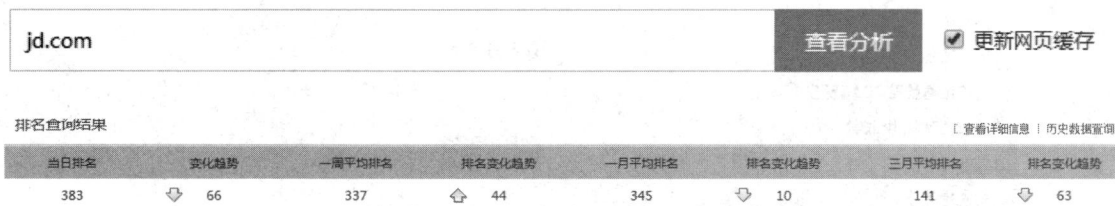

当日排名	变化趋势	一周平均排名	排名变化趋势	一月平均排名	排名变化趋势	三月平均排名	排名变化趋势
383	⇩ 66	337	⇧ 44	345	⇩ 10	141	⇩ 63

图3-9 京东平台

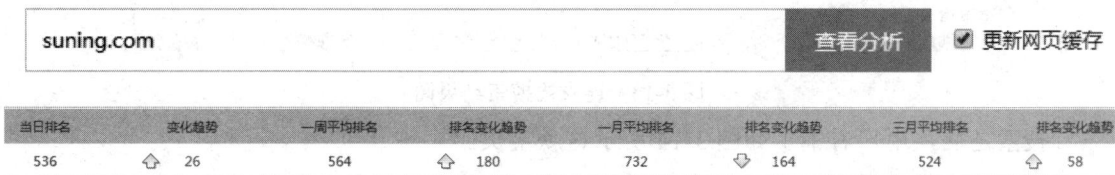

当日排名	变化趋势	一周平均排名	排名变化趋势	一月平均排名	排名变化趋势	三月平均排名	排名变化趋势
536	⇧ 26	564	⇧ 180	732	⇩ 164	524	⇧ 58

图3-10 苏宁易购平台

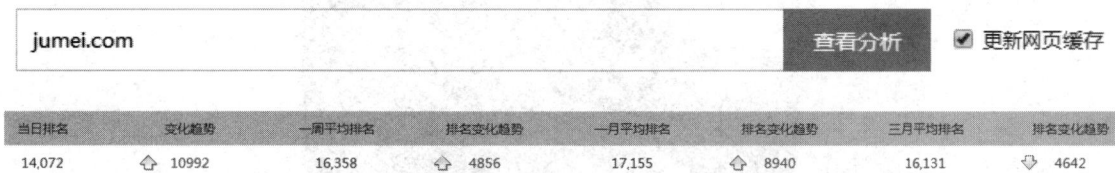

当日排名	变化趋势	一周平均排名	排名变化趋势	一月平均排名	排名变化趋势	三月平均排名	排名变化趋势
14,072	⇧ 10992	16,358	⇧ 4856	17,155	⇧ 8940	16,131	⇩ 4642

图3-11 聚美优品平台

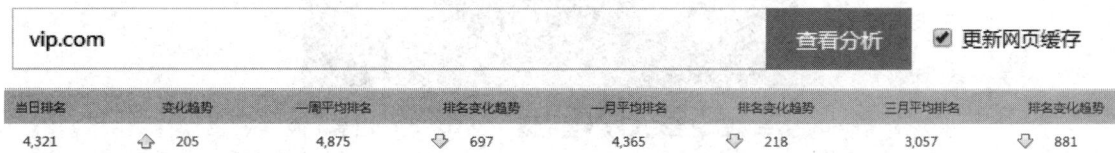

当日排名	变化趋势	一周平均排名	排名变化趋势	一月平均排名	排名变化趋势	三月平均排名	排名变化趋势
4,321	⇧ 205	4,875	⇩ 697	4,365	⇩ 218	3,057	⇩ 881

图3-12 唯品会平台

通过查询之后，商家在选择平台时优选流量比较大的平台——首选阿里平台来解决访客的问题。作为商家最关注的是哪个平台流量多就会选择这个平台，也可根据商家的能力选择相应的平台。如果是企业店铺可以选择天猫、京东、苏宁易购等平台。

2. 认真分析平台流量，商家通过数据化来运营电商平台

刚才讲到平台流量非常重要，接下来细化什么是平台流量。任何一个电商平台流量提供给商家无非是两种，一种是免费流量，一种是付费流量。

(1) 免费流量。商家应该如何从阿里大数据中获取免费流量呢？

以"连衣裙"为例，一个用户想要一条连衣裙，她会在平台搜索"连衣裙"关键词，如图 3-13 所示。

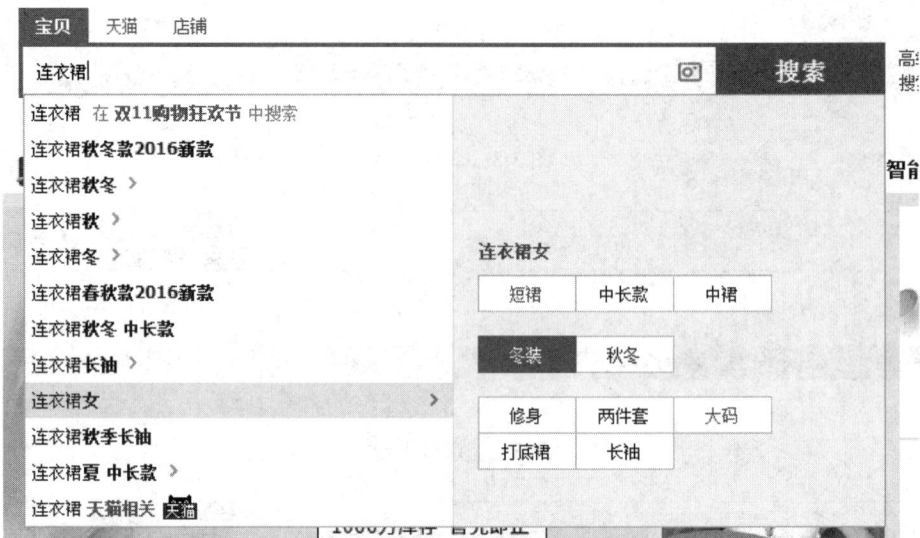

图 3-13 连衣裙搜索结果图

搜索之后，用户看中了如图 3-14 所示这款宝贝。

图 3-14 连衣裙秋冬宝贝图

推送给用户的产品，就是通过标题中"连衣裙"搜索到的，这个商家的标题背后都是大数据,不是随便想写什么汉字、想写什么标语都可以推送给买家的。我们通过阿里排行,会看到近7天热卖的关键词和热卖排行榜,通过数据分析导出市场关于"连衣裙"的热搜榜,这为店铺优化和排名起到非常重要的指导作用。阿里平台商家无数,如何在上万家商家中产品脱颖而出,必须用到数据分析做指导。

以"热搜词"最近7天数据举例,导出如表3-1所示。

表3-1 阿里指数——连衣裙行业关键词热搜榜

排名	关 键 词	搜索指数	全站商品数
1	女装	20265	48889098
2	连衣裙	14912	1996200
3	2016年秋季新款	10763	1888230
4	秋冬女装新款	5695	2359399
5	秋冬连衣裙	4617	544218
6	女装批发	4014	1723797
7	广州	3777	29185746
8	2016秋冬女装新款	3747	2688133
9	女装韩版	3595	6767484
10	一件代发	3584	10092131
11	外贸女装	3338	683656
12	欧美女装	3202	5181806
13	连衣裙秋冬	3164	537761
14	2016秋冬新款女装	2847	2218145
15	打底裙	2619	462532
16	连衣裙	2588	2616049
17	蕾丝连衣裙	2564	580684
18	日系	2530	294056
19	一件代发批发网	2512	62644
20	欧洲站	2346	481817
21	品牌女装	2342	497783
22	女装冬装	2320	1503419
23	真丝连衣裙	2294	103542
24	明星同款	2280	235148
25	棉麻女装	2217	327883
26	棉麻女装	2203	327959
27	时尚女装	2159	6082612
28	秋装	2102	2668439
29	棉麻连衣裙	2092	199904
30	外贸原单	2079	1024762

续表

排名	关键词	搜索指数	全站商品数
31	一件代发女装	2063	584057
32	女装秋季新品	2054	4145033
33	秋装女	2048	2044234
34	女装档口	2032	5730
35	冬季连衣裙	1958	300877
36	阿里巴巴代销网	1892	15510
37	冬季女装	1878	1558148
38	连衣裙	1864	1517439
39	女装衣服	1863	757934
40	十三行女装	1821	16420
41	女装秋季	1761	5227002
42	欧洲站女装	1689	409928
43	连衣裙秋季	1641	771332
44	女装一件代发	1640	619640
45	针织连衣裙	1635	376743
46	蕾丝	1614	4521082
47	秋冬女装批发	1606	273544
48	礼服	1579	431359

在网上截图某家店铺产品,其中标题系统给出是有30个汉字,60个字符(空格和符号算1个字符),这个标题的关键词是买家搜索"连衣裙"时通过计算机算法推算出来,然后展示在买家的页面,所以这30个标题中汉字是非常重要的,那如何组成这些标题呢?就是通过阿里指数提供的大数据做参考,用搜索指数和全站商品数这两个重要指标来组成标题,而且这些数据是不断更新的。商家通过这些数据不断给予指导,改变了过去单纯上SKU和爆款来运营的形式。我们看到的页面都是表面现象,背后都是通过数据分析在竞争中脱颖而出,这也就是我们所谓的"睁着眼睛做电商"。

我们会通过商家后台的生意参谋工具来检测全店销售情况,通过实时指标随时查看店铺访客数、店铺浏览量。商家后台是集数据作战室、市场行情、装修分析、来源分析、竞争情报等数据产品于一体,是商家统一数据产品的平台,也是大数据时代下赋予商家的重要手段。

产品是可以供给市场被使用和消费的。数据是要不断使用才有价值的,并能够满足用户需求的任何东西,包括有形的物品,无形的服务知识、组织、观念或其组合。

通过以上分析之后,电商运营者就会知道店铺哪里出了问题并及时作出相应反馈。全面展示店铺经营全链路的各核心数据,包括店铺实时数据(商品实时排行,店铺行业排名)、店铺经营概况(流量分析,商品分析,交易分析,服务分析,营销分析)和市场行情。

① 实时直播。提供店铺实时流量交易数据、实时地域分布、流量来源分布、实时热门商品排行榜、实时催付榜单、实时客户访问等功能,还有超炫的实时数据大屏幕模式。洞

悉实时数据，抢占生意先机。

② 经营分析。流量分析展现全店流量概况、流量来源及去向、访客额分析及装修分析；商品分析提供店铺所有商品的详细效果数据，目前包括五大功能模块，即商品概况、商品效果、异常商品、分类分析、采购进货；交易分析包括概况和交易两大分析功能，可从店铺整体到不同维度细分店铺交易，方便商家及时掌控店铺交易情况，同时提供资金回流行动点；营销推广包括营销工具、营销效果两大功能，可帮助商家精准营销，提升销量。

③ 市场行情分析。专业版目前包括三大功能，即行业洞察、搜索词分析、人群画像。行业洞察具备行业直播、行业大盘分析、品牌分析、产品分析、属性分析、商品店铺多维度排行等多个功能；搜索词分析可以查看行业热词榜，还能直接搜索某个关键词，获取其近期表现；人群画像直接监控三大人群，包括买家人群、卖家人群、搜索人群。

此外，市场行情的大部分指标可自由选择时间段，包括1天、7天、自然日、自然周、自然月或自定义时间；可选择的平台包括淘宝、天猫和全网；终端则包括PC端、无线端和全部终端。

目前，市场行情提供了全网最全面的无线行业数据，包括竞争情报、选词助手、行业排行、单品分析、商品温度计、销量预测、自助取数等专项功能。

① 竞争情报是一款提供给淘宝和天猫商家使用的用于分析竞争对手的工具，可精准定位竞争群体、分析竞争差距，并提供经营优化建议。

② 选词助手从PC端和无线端出发，主要呈现店铺引流搜索词和行业相关搜索词的搜索情况及转化情况。

③ 行业排行主要展示六大排行榜，分别是热销商品榜、流量商品榜、热销店铺榜单、流量店铺榜、热门搜索词、飙升搜索词，所有终端、PC端、无线端可分开查看。

④ 单品分析主要从来源去向、销售、访客、促销四个角度出发，对单品进行分析，商家可从多角度了解商品表现情况，掌握商品实际效果。

⑤ 商品温度计提供商品转化效果的数据分析，同时可对影响商品转化的因素进行检测，检测指标包括页面性能、标题、价格、属性、促销导购、描述、评价等。

⑥ 销量预测可通过大数据分析为商家推荐店内最具销售潜力的商品，并监控库存。同时，支持商家自定义监控规则，预估商品未来7天销量等。此外，还可为商家提供商品定价参考。

⑦ 自助取数就是可供商家自由提取数据的工具，可提供不同时段(如自然天、自然周、自然月)、不同维度(如店铺或商品)的数据查询服务。

(2) 付费流量是经过付费之后获得流量，包括点击费用(直通车)和成交付费(淘宝客)这两种方式。

商家可以从平台找到想要了解的任何信息，通过各种数据综合分析结合商家自身情况作出指导意见。

国内电商第二平台京东商城也是如此，它目前没有对外公布大数据，只有商家可以看到后台数据，就是京东罗盘。这个平台数据化运营的基础是对工具的使用到位，把最核心的数据统计出来，才能够更好地提升店铺，做到数据化、精细化运营。

大数据时代，数据是数据产品的内核，没有数据的产品只是产品，有形无神，更无法成为赋予用户的数据标杆，无法"可深度发展"；没有产品的数据只是数据，对用户来说应用门槛太高难以"可持续发展"。因此，数据产品就是要结合数据和产品的力量，给予商家。

目前数据针对商家的有免费版，基本作为中小买家数据是够用的。那么大数据时代，生意参谋这样的软件为商家解决哪些痛点？

第一，看数据难，用数据难。数据之间存在不一致性，这种不一致性大大提升了商家看数据的门槛。之前传统生意看数据都是人工收集或采集，会有延误性，而电商大数据提供了实时数据，时效性增加，要学会看数据，不会看数据会走很多弯路。

第二，数据难懂。数据本身就是门槛，在这个门槛之上，如果提供给商家的数据不标准、不统一，要想读懂难上加难。

第三，商家渴求更全面的数据。商家关注的数据往往来源于多个渠道，不同渠道的数据能否很好地集成在同一个平台上，也令人困扰。

也有反对声音，说大数据会给生活带来很多不方便，比如我今天在网上搜索某房地产信息，接连几天就不断会收到相关房地产电话，它会非常精准地给你推送页面，这也是大数据经过分析挖掘进行处理之后的数据，这个是不可避免的，目前还没有相关的部门负责管理，相信在未来会有办法面对这个问题。

四、大数据从海量到精准

大数据到底有多大？

大数据在互联网行业指的是这样一种现象：互联网公司在日常运营中生成、累积的用户网络行为数据。这些数据的规模是如此庞大，以至于不能用 G 或 T 来衡量。这么庞大的大数据如何落地到具体行业，如何将大数据与现实相结合？经常听到有人说："这个数据有用，这个数据没用"。数据不能通过有用或无用来衡量，在不断的使用过程中，会产生增值。大数据就是互联网发展到现今阶段的一种表象或特征而已，在云计算为代表的技术创新大幕的衬托下，这些原本看起来很难收集或使用的数据开始容易被利用起来，通过各行各业的不断创新，大数据逐步为人类创造更多的价值。

根据自己对数据的需求，经过整理或处理之后，大数据的价值体现在以下几个方面：

第一，为大量消费者提供产品或服务的企业可以利用大数据进行精准营销。

第二，做小而美模式的中小微企业可以利用大数据做服务转型。

第三，面临互联网压力之下必须转型的传统企业需要与时俱进，充分利用大数据的价格。

上述描述很多大数据的宏观概念，那么落地到企业尤其是传统企业，在"互联+"有哪些变化？我们是如何随这些变化调整和适应的呢？如图 3-15 所示。

产品设计   原料采购   仓库运输   订单处理   批发经营   终端零售 ⇨ 制造

图 3-15 企业"6+1"时代

传统企业从产品生产到出品需要经过 6 个阶段，产品设计(设计师经常市场调研或自己偏好设计出产品款式或系列)出了样品之后，工厂开始原料采购(每个部件按照设计的细节采购)，批量产品生产之后，通过仓库运输，经过订单处理，到各地经销商批发点，最终到终端零售，这是大部分制造企业所要经历的过程。随着互联网大数据发展，传统制造业企业 6 个阶段变成如下图 3-16 所示的 4 个阶段。

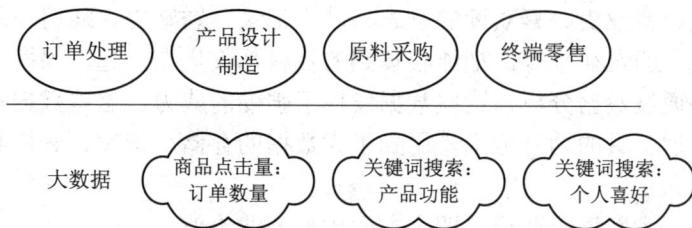

图 3-16   企业"4+0"时代

互联网大数据参与之后，产品、制造变成了一个环节，要根据买家的喜好生产产品，削弱产品设计，弱化了仓储和批发经营，直接变成了"4+0"时代，面对这些变化，企业如果还不应对或转型，还是按照之前的销售模式去做，就会逐渐被市场淘汰。

大数据也赋予商家个性化能力，商家有能力为不同客户定制不同的产品，提供不同的产品和服务。大数据就发生在你我的身边，虽然看不到它，但它确实影响着我们的生活。

从海量到精准我们通过几个案例来说明，让抽象的大数据落地到具体行业，将宏观的大数据与现实结合。

案例一：美国的 Target 百货公司客户分析案例

最早关于大数据的一个经典案例发生在美国第二大超市 Target(塔吉特)百货。Target 的市场营销人员求助 Target 顾客数据分析部(Guest Data & Analytical Services)的高级经理 Andrew Pole，要求他建立一个模型，在孕妇第二个妊娠期就把她们给确认出来，市场营销部门就可以早早的给她们发出量身定制的孕妇优惠广告。百货公司就上线了一套客户分析工具，对顾客的购买记录进行分析，并向顾客进行产品推荐。这个商业智能体系选择地址作为忠诚度算法的基础，商场根据顾客在连锁店中的购物记录，推断出一个女顾客怀孕了，然后通过地址邮寄一系列购物手册(重点是孕妇产品)，这个资料被该女顾客的父亲看到，他勃然大怒找到商家，说小孩读高中这么小不可能怀孕，要求 Target 百货不要再发这些宣传资料。可事实证明他的小孩的确怀孕了。此事当年被《纽约时报》报道，结果 Target 大数据的巨大威力轰动了全美。

根据 Andrew Pole 的大数据模型，Target 的孕期销售呈现了爆炸性增长。从孕妇这个细分市场开始向其他各种细分群推广产品。从 2002—2010 年间，公司的销售从 440 亿美元增长到 679 亿美元。

从一个人杂乱无章的购买清单中，通过分析消费者过往的购买记录，来预测未来的购买行为。实现大数据应用的关键技术，内在数据库、非结构化数据处理、海量的存储设备、高并发的处理技术都在一个接一个的突破。

这是大数据从海量到精准的一个典型案例，它是如何收集大数据的，然后如何精准应用的呢？

Target 大数据系统会给每一个顾客编一个 ID。顾客所进行的每笔交易、刷信用卡、使用优惠券、邮寄地址、填写问卷调查、打客服电话、邮件、访问官网、促销活动等，凡是在 Target 留下的信息都会记录到 ID 号中，并且这个 ID 号还会记录顾客的人口统计信息：年龄、婚否、是否有子女、所住市区、住址离百货公司的车程、薪水情况、最近是否搬家、钱包里的信用卡情况、常访问那些产品及网址等。Target 还可以从其他机构那里购买顾客的其他信息：种族、就业史、喜欢读的杂志、破产记录、婚姻史、购房记录、求学记录、阅读习惯、旅游史、朋友往来等。把能收集到的资料都收集在一起，很多人会觉得这些数据毫无意义，但是通过数据分析，这些数据发挥了强劲的威力。这些数据超越了传统的存储方式和数据库管理工具的功能范围，用到了大数据的存储、搜索、分析和可视化，挖掘出巨大的商业价值。

从海量到精准，大数据主要通过四个方面挖掘商业价值：

第一，对顾客群细，对每个群里采取独特的行动。云存储的海量数据和大数据的分析技术使得对消费者的实时和极端的细分有了成本效率极高的可能。

第二，通过大数据模拟的实境，发掘新的需求和提高投入的回报率。Wechat、Blog、Facebook 和微博等社交网络也每天不断产生海量数据。云计算和大数据分析技术可以实时把这些数据连同交易行为的数据进行储存和分析，交易过程、产品使用和人类行为都可以数据化。

第三，数据是越用越值钱，提高大数据成果在相关部门的分享程度，提高整个管理链条和产业链条的投入回报率。比如我们可以通过 Google 的搜索找到任何想要的企业网站，并发送相关的邮件到对方。再比如沃尔玛开发了一个叫 Retail Link 的大数据工具，通过软件知道每家店铺的售货情况和库存情况，在某个节点缺货或补货时会自动发出相关指令，降低了库存成本，这是传统人工根本无法比较的，降低成本、提高服务的质量和品牌价值，提升了沃尔玛的生产效率革命。

第四，产品和服务创新。国内大数据最出名的还是阿里平台，收集大量用户的信息，尤其是支付宝都绑定各自银行卡，信息非常精准；自建一个评分体系——芝麻信用，衍生出蚂蚁金服、花呗等各种创新服务。利用大数据使公司创造出新的产品和服务，打造出全新的商业模式。

案例二：农村电商大数据

我国农村人口基数非常大，消费潜力巨大。中国电子商务研究中心 2017 年 5 月发布的《2016 年度中国网络零售市场数据监测报告》显示，2015 年农村网购市场规模达 3530 亿元，2016 年农村网购市场规模达 4823 亿元，同比增长 36.6%，2017 年有望突破 6000 亿元。中国电子商务研究中心主任曹磊表示，电商进入农村目前才初见成效，它一定程度上改变了农村用户的消费习惯，改善了物流建设，增强了农村对工业品下行电商的需求量，未来将更多侧重在农产品电商上。

这么庞大的市场只有加快发展农业电子商务，是形成农业大数据、体现数据价值的重要途径。国内的电商巨头阿里、京东、苏宁等电商纷纷将竞争重心放在农村，农村传统商贸企业也由线下到线上融合发展。

大数据的收集过程也是通过参与鼓励农村人口加入电子商务，通过搭建县村两级服务网络，重复发挥电子商务优势，突破物流和信息流的瓶颈，实现"网货下乡"和"农产品进城"的双向流通功能，进而建设智慧农村，实现农村城市化。截至目前，阿里已经开设了 900 个农村淘宝村级服务站，未来十年，这个数字将扩展到 30 万个，覆盖全国半数行政村。

如何从海量到精准的呢？——实名认证。

每个服务站或点建立开发数据库，利用大数据信息共享、共用、互通、精准识别、动态管理对象，及时精准掌握数量和消费程度。一方面是农村人口的消费能力，一方面是农村生产出的农产品供应到城市或需要的地方，实现科学化、规范化、动态化分类管理。

大数据用到农业生产、农产品溯源等各个环节，从种子采购、播种、生长、成熟、销往各地，通过系统指导精准推广。农村电商还在逐步发展中，数据也在不断采集和完善中。

第二节 "互联网+"产业

互联网对产业的影响正在凸显，互联网主体已经逐渐渗透到企业和全产业链条、全生命周期，产业互联网时代已经到来。在产业互联网时代，优势产业平台将凭借对实体资源的把控，凭借互联网的力量实现对信息、交易、定价的全面掌握。公司的价值将由收入、利润等财务指标延伸到客户数、服务能力和可扩展空间等互联网要素来进行重估。

一、"互联网+"环境下的产业升级

2015 年 7 月 22 日，中国互联网大会在北京举行。大会期间的一份《互联网+九大传统行业跨界转型报告》引起了互联网各界人士的关注。

报告指出，通过对全国网民展开了涉及生活、餐饮、购物消费、交通、政务民生、金融、教育、房产、医疗九大传统行业的"互联网+"服务调查，并结合中国网民的标准分布比例进行精准抽样匹配，以及按照大城市、中小城市和农村进行人群划分，对九大行业"互联网+"矩阵进行全面调查和数据分析，发现九大行业的"互联网+"渗透率城市均高于农村，其中餐饮服务城乡差异最大，医疗和生活服务的整体渗透率最低。

那么"互联网+"环境下的产业现状是怎样的？所谓的产业升级又如何入手？根据互联网今年的发展态势和一系列数据，我们可以摸索出大概的方向。

1. 互联网+政务：高效一站式政务服务平台是刚需

传统政务民生服务最令人头疼的问题是"办理流程过于复杂"和"办事效率低"，这两个问题在大城市尤为严重。成立高效率的一站式政务服务平台成为民众迫切的需求，这不仅能有效地提升办事效率，同时政务信息联网互通也将使某些不必要的政务手续得到简化。

2. 互联网+教育：在线教育成为主旋律

如今传统教育培训机构的淘汰速度加快，在线教育成为投资的大热门，并且将持续升温。K12 在线教育、在线外语培训、在线职业教育等细分领域成为中国在线教育市场规模增长的主要动力，很多传统教育机构都在从线下向线上教育转型，例如新东方。而一些在移动互联网平台上掌握了高黏性人群的互联网公司，也在转型在线教育，例如网易旗下的有道词典，在英语垂直应用领域掌握了 4 亿的高价值用户，这部分用户对于在线学习英语的需求非常强烈，因此，有道词典推出了类似在线学英语、口语大师等产品和服务，将用户需求深度挖掘。在未来，通过更精准的大数据技术，可以实现个性化推荐、个性定制还有智能的反馈或者评估，使用户可以用碎片化时间在智能手机等移动终端上进行沉浸式学习，覆盖并且超越传统教育的"一对一、面对面"。

3. 互联网+医疗：移动医疗是趋势

解决信息透明和资源分配不均等问题是实现"互联网+医疗"融合的前提。例如，互联网挂号预约服务可以解决大家看病时挂号排队时间长的问题；而一些轻问诊型应用的出现，则解决了部分用户的就诊难问题。

"互联网+医疗"到底能融合到什么程度，目前来看，将会向更加专业的移动医疗垂直化产品发展，总的来说有四个核心趋势：

第一，医药电商市场的崛起和发展。

2016 年 6 月，一则"360 健康成立四个月融资 1 个亿"的消息刷新了中国医药电商融资纪录。但实际上，医药电商作为传统医药流通行业与电商融合发展的新业态，早在 2014 年就进行了"互联网+"的积极尝试。据了解，截至 2015 年 12 月，共有 500 多家企业取得互联网药品交易服务资格。

2016 年由第三方机构易观国际发布的《中国医药电商市场专题报告 2016》中指出，在政策、经济、社会等方面因素的影响下，预测 2016—2018 年中国医药电商的市场规模将持续增长。该报告还显示，各医药平台也纷纷拓展医疗服务，往"医药"方向发展。此外，"处方药电子处方医保在线支付"将成为下一个增长点。需要提醒的是，相比 OTC 药品和医疗器械，处方药可是刚需高利，它也几乎不受物流影响。

第二，尽管移动医疗市场很热，但是好像没有太多的杀手级的产品出来，但是在这当中发现，泛医疗(如健康领域)的可穿戴设备还是有发展的空间。例如，iHealth 推出了 Align 性能强大的血糖仪，能够直接插入智能手机的耳机插孔，然后通过移动应用在手机屏幕上显示结果，紧凑的外形和移动能力使其成为糖尿病患者最便利的工具；健康智能硬件厂商 Withings 发布了 Activite Pop 智能手表：有计步器、睡眠追踪、震动提醒等功能，其电池续航时间长达 8 个月。随着 VR、AR 等技术的不断升级，智能穿戴将成为"互联网+医疗"的一大亮点。

第三，大数据和移动互联网与健康数据管理在未来有较大的机遇，甚至可能改变健康产品的营销模式。

第四，随着互联网个人健康的实时管理的兴起，在未来，传统的医疗模式也或将迎来新的变革，以医院为中心的就诊模式或将演变为以医患实时问诊、互动为代表的新医疗社群模式。

4. 互联网+餐饮：垂直细分市场仍有机会

餐饮是"互联网+"领域目前最热的行业，比如外卖和团购。这类平台模式的市场格局已定，垂直细分市场仍存在大的机会，比如中高端餐饮。

5. 互联网+生活服务：O2O 才刚刚开始

"互联网+生活服务"主要是上门服务，互联网化的融合就是去中介化，让供给直接对接消费者需求，并用移动互联网进行实时链接。例如家装公司、理发店、美甲店、洗车店、家政公司、洗衣店等都是直接面对消费者，如河狸家、爱洗车、点到等线上预订线下服务的企业，不仅节省了固定员工成本，还节省了传统服务业最为头疼的店面成本，真正地将服务产业带入了高效输出与转化的 O2O 服务市场，再加上在线评价机制、评分机制，会让参与的这些手艺人精益求精，自我完善。

O2O 从炙手可热到人人喊打，始终是一个缥缈的概念，事实上抛开概念和模式不说，用户需求始终存在，这个市场才刚刚开始，在传统垂直领域还有很大的改造和探索空间。

6. 互联网+房产：二手房有望成为主力军

"互联网+房产"使用了互联网世界的"共享经济"思维，无实体门店、无片区划分、信息直接对接，凭借轻资产和高效率运作，使盈利空间得到保证。同时这种方式也让越来越多的房产中介开始重视互联网的力量，尝试打破区域隔阂，提升运作效率。在这个过程中，一些小规模或不规范的小中介被淘汰出局，市场开始洗牌，形成新的行业规则。

但是，这种洗牌带来的竞争也导致了在争夺房源和优质经纪人时使用各种不正当手段，"抬高卖主价格""虚降买主价格""盲目增加经纪人底薪"等做法比比皆是。面对这种信息不对称的现状和买卖三方的信任危机，其实可以效仿网购的评价机制：人们在线上浏览房源、浏览中介服务的时候，如果也能看到之前交易方的相关评价，那么这对买卖服务是一种有效的监督和约束。

此外，还可以参考互联网的考核机制，使房产经纪的收入和客户服务及用户体验挂钩，那么靠底薪"混日子"的经纪人将被淘汰出行业。

7. 互联网+交通：共享资源

基于"互联网+交通"，我们要弱化"拥有权"的概念，要更提倡"共享资源"。很多产品，你并不一定需要 100%的拥有，你只需要考虑如何更好地使用，比如滴滴打车的"拼车"，或者旅游项目的"拼团"。

"互联网+交通"还可以和旅游服务业结合起来，这会使旅游服务在线化、去中介化越来越明显，自助游会成为主流。基于旅游的互联网体验社会化分享还有很大空间，而类似 Airbnb 和途家等共享模式可以让住房资源共享起来，旅游服务、旅游产品的互联网化也将有较大的发展空间。

8. 互联网+金融：激活长尾市场

互联网金融，很多人会觉得陌生，但如果提起余额宝、微信红包、网络借贷等字眼相信很少有人不知道，其实互联网金融已经渗透到民生的各个角落，大数据支持下低门槛、便捷性的互联网理财方式也掀起了全民理财热潮。数据显示，2017 年上半年，国内 P2P 网络借贷平台半年成交金额超千亿元，互联网支付用户达 4.75 亿。传统金融向互联网转型、金融服务普惠民生，成为大势所趋。这对中小微企业、工薪阶层、自由职业者、进城务工人员等普通阶层的人来说是十分利好的形式。

因为互联网的"去中心化"使得个体之间的直接融资变得可能。以前主要是因为信息不对称，有钱的人找不到合适借钱的人，借钱的人找不到合适有钱的人，现在互联网把所有人的需求都摆在了台面，大家自愿对接，所以加速了金融脱媒的过程。

我们都知道，小微企业是中国经济中分布最广、最具活力的经济实体，小微企业约占全国企业数量的 90%，创造约 80%的就业岗位、约 60%的 GDP 和约 50%的税收，但央行数据显示，截至 2016 年底，小微企业贷款余额占企业贷款余额的比例为 30.1%，维持在较低水平。"互联网+"金融降低了小微企业贷款门槛，激发了小微企业运作活力。

总之，在"互联网+金融"方面，小而散的长尾市场得到激活，激活了原来传统金融覆盖不了的客户，第三方支付、P2P 小额信贷、众筹融资、新型电子货币以及其他网络金融服务平台都将迎来全新发展机遇，更完善的社会征信系统也会由此建立。

9. 互联网+工业：新制造

2016 年 10 月 13 日，阿里云大会上马云提出了阿里巴巴不再提电商，而是开启"五个新"的征程，其中就有新制造。

在过去的二三十年中，制造讲究规模化、标准化，而未来的 30 年制造讲究的是智慧化、个性化和定制化。

"互联网+制造业"将颠覆传统制造方式，重建行业规则。传统制造业将通过价值链重构、轻资产、扁平化、快速响应市场来创造新的消费模式，而在"互联网+"的驱动下，产品个性化、定制批量化、流程虚拟化、工厂智能化、物流智慧化等都将成为新的热点和趋势。

10. 互联网+农业：催化中国农业品牌化道路

农业看起来离互联网最远，但农业作为占比最大的第一产业也决定了"互联网+农业"的潜力是巨大的。

首先，大数据的不断完善为农业的智能化转型提供了技术支持。例如，通过对各地区土壤、肥力、气候等进行大数据分析，提供种植、施肥相关的解决方案，进而提升农业生产效率；随着大数据的不断完善，互联网时代的新农民可依据相关数据，对农产品的种植进行规划，避免出现"去年西红柿量少价格高，于是今年很多人种，结果种的人太多，价格暴跌，西红柿烂在地里"的情况。

其次，农业互联网化将吸引越来越多的年轻人积极投身农业品牌打造中，届时具有互联网思维的"新农人"和"新农业"将成为农业的主旋律。

不仅如此，"互联网+农业"在农产品交易方面将有效减少中间环节，使得农民获得更多利益，面对万亿元以上的农资市场以及近七亿的农村用户人口，农业电商将成为未来电商界最大的蓝海，但要在这片蓝海中乘风破浪，需要建立更强的品牌意识，将农产品打造成更具识别度和知名度的"品牌产品"。例如，曾经的烟草大王褚时健栽种"褚橙"；联想集团董事柳传志培育"柳桃"；网易 CEO 丁磊饲养"丁家猪"等。也有专注于农产品领域的新兴电商品牌获得巨大成功，例如三只小松鼠、新农哥等，都是在农产品大品类中细化出个性品牌，从而提升其价值。

11. 互联网+文化：让创意更具延展性和想象力

文化创意产业是以创意为核心，向大众提供文化、艺术、精神、心理、娱乐等产品的新兴产业。互联网与文化产业高度融合，推动了产业自身的整体转型和升级换代。互联网对创客文化、创意经济的推动非常明显，它再次激发起全民创新、创业，以及文化产业、创意经济的无限可能。

互联网带来的多终端、多屏幕，将产生大量内容服务的市场，而在内容版权的衍生产品，互联网可以将内容与衍生品与电商平台一体化对接，无论是视频电商、TV 电商等都将迎来新机遇；一些区域型的特色文化产品，可以使用互联网通过创意方式走向全国，未来设计师品牌、族群文化品牌、小品类时尚品牌都将会迎来机会；而明星粉丝经济和基于兴趣为细分的社群经济，也将拥有巨大的想象空间。

12. 互联网+家电/家居：让家电会说话，家居更聪明

"互联网+家电/家居"就是我们常说的"物联网"——这是比互联网大 20 倍的网络体系。目前大部分家电产品还处于互联阶段，即仅仅是介入了互联网，或者是与手机实现了链接。但是，真正有价值的是互联网家电产品的互通，即不同家电产品之间的互联互通，实现基于特定场景的联动。手机不仅仅是智能家居的唯一入口，让更多的智能终端作为智能家居的入口和控制中心，实现互联网智能家电产品的硬件与服务融合解决方案，"家电+家居"产品衍生的"智能化家居"将是新的生态系统。

例如，2015 年中国家电博览会上，无论是海尔、美的、创维等传统家电大佬，还是京东、360、乐视等互联网新贵，或推出智能系统和产品，或主推和参与搭建智能平台，一场智能家居的圈地大战进行得如火如荼。海尔针对智能家居体系建立了七大生态圈，包括洗护、用水、空气、美食、健康、安全、娱乐居家生活，利用海尔 U+智慧生活 APP 将旗下产品贯穿起来；美的则发布了智慧家居系统白皮书，并明确美的构建的 M-Smart 系统将建立智能路由和家庭控制中心，提供除 WiFi 之外其他新的连接方案，并扩展到黑电、娱乐、机器人、医疗健康等品类；在智能电视领域，乐视在展示乐视 TV 超级电视的同时，还主推"LePar 超级合伙人"计划，希望通过创新的"O2O+C2B+众筹"多维一体合作模式，邀请 LePar 项目的超级合伙人，共掘大屏互联网市场。

13. 互联网+媒体：新业态的出现

互联网对于媒体的影响不只改变了传播渠道，在传播界面与形式上也有了极大的改变。传统媒体是自上而下的单向信息输出源，用户多数是被动的接受信息，而融入互联网后的媒体形态则是以双向、多渠道、跨屏等形式进行内容的传播与扩散，此时用户参与到内容传播当中，并且成为内容传播介质。

交互化、实时化、社交化、社群化、人格化、亲民化、个性化、精选化、融合化将是未来媒体的几个重要的方向。以交互化、实时化和社交化为例，央视春晚微信抢红包就是这三个特征的重要表现，让媒体可以与手机互动起来，还塑造了品牌与消费者对话的新界面；社群化和人格化使一批有观点、有性格的自媒体迎来发展机遇，用人格形成品牌，用内容构建社群将是这类媒体的方向；个性化和精选化的表现则是一些用大数据筛选和聚合信息精准到人的媒体的崛起，例如今日头条等新的新闻资讯客户端就是代表。

14. 互联网+广告：互联网语境+创意+技术+实效的协同

所有的传统广告公司都在思考互联网时代的生存问题，显然，赖以生存的单一广告模式，它的内生动力和发展动力已经终结。未来广告公司需要思考互联网时代的传播逻辑，并且要用互联网创意思维和互联网技术来实现。

过去考验广告公司的能力靠的是出大创意、拍大广告片、做大平面广告的能力，现在考验广告公司的则是实时创意，互联网语境的创意能力、整合能力和技术的创新和应用能力。例如，现在很多品牌都需要朋友圈的转发热图，要 HTML5、要微电影、要信息图、要与当下热点结合的传播创意，这些都在考验创意能力，新创意公司和以内容为主导的广告公司还有很大的潜力。而依托于程序化购买等新精准技术以及以优化互联网广告投放的技术公司也将成为新的市场。总的来说，"互联网语境+创意+技术+实效"的协同才是"互

联网+"下的广告公司的出路。

15. 互联网+零售：零售体验、跨境电商和移动电商的未来

李克强总理在两会答记者问时谈到：实体店与网店并不冲突，实体店不仅不会受到冲击，还会借助"互联网+"重获新生。传统零售和线上电商正在融合，例如苏宁电器表示，传统的电器卖场今后要转型为可以和互联网互动的店铺，展示商品，让消费者亲身体验产品。顺丰旗下的网购社区服务店"嘿客"店引入线下体验线上购买的模式，打通逆向O2O；1号店在上海大型社区中远两湾城开通首个社区服务点，成为上海第一个由电商开通，为社区居民提供现场网购辅导、商品配送自提等综合服务的网购线下服务站。这些都在阐明零售业的创新方向。在未来，线上、线下是融合和协同而不是冲突。

跨境电商也成为零售业的新机会。国务院批准杭州设立跨境电子商务综合试验区，其中提出要在跨境电子商务交易、支付、物流、通关、退税、结汇等环节的技术标准、业务流程、监管模式和信息化建设等方面先行先试。随着跨境电商的贸易流程梳理得越来越通畅，跨境电商在未来的对外贸易中也将占据更加重要的地位。如何将中国商品借助跨境平台推出去，值得很多企业思考。

此外，如果说电子商务对实体店生存构成巨大挑战，那么移动电子商务则正在改变整个市场营销的生态。智能手机和平板电脑的普及、大量移动电商平台的创建，为消费者提供了更多便利的购物选择，例如微信将推出购物圈，就是在构建新的移动电商的生态系统。移动电商将会成为很多新品牌借助社交网络走向市场的重要平台。

应该说，"互联网+"是一个人人皆可获得商机的概念，但是，"互联网+"不是要颠覆而是要思考跨界和融合，更多是思考互联网时代产业如何与互联网结合创造新的商业价值。企业不能因此陷入"互联网+"的焦虑和误区，"互联网+"更重要的是"+"，而不是"−"，更不是毁灭。

二、众包的前生后世

先解释一下什么是众包。

话说某个人想要在家吃火锅，于是他就给朋友A打电话说："今天我请大家吃火锅，东西基本都准备好了，就差点儿白菜，你来的时候顺便带点就行了。"再给第二个朋友打电话说请客吃火锅，万事俱备就差点儿底料……如此这般之后，他就在家里烧了一锅开水，等着吃火锅。如果负责拿底料的小伙伴突然打电话说临时有事，不来了，那其他来吃火锅的人就傻眼了。

所以众包意味着把所有的风险控制都分散给个体，任何一个环节只要出现问题，代表整个项目失败。

维基百科可以说是最初的众包雏形，同时也是非商业化众包的代表。作为一个内容自由、任何人都能参与、并有多种语言的百科全书协作计划，维基百科的建立完全依靠众多网民的热情参与，维基百科之于这个世界的全部意义，并非在于它的20多万用户、上百种语言的平台，以及超过7800万个词条和每日新增的7000多篇文章，而是它缔造了世界上最为庞大而且分散、即时的合作模式，并用它集成了来自网络上的各种智慧。值得注意的是，这种"分散而即时"的模式，已在很大程度上改变了当下社会的商业语境。或者说，

是维基百科唤醒了商业机构们的"Wiki"意识。

而 IBM 就是以"维基化"的方式重新构建信息传播的受益者。IBM 先从企业内部开始了维基化的试验：从 2005 年起，IBM 每年都举行一次通过内部互联网平台组织的、为期数日的"创新大激荡"。除了"相当维基化"的年度创新风暴外，IBM 内部还同时建立了 WikiCentral(维基中心)，运用 Wiki 技术让 IBM 全球知识产权专家与研发人员在线激荡脑力，加快专利的生产速度：当你把一个创意丢到 WikiCentral 的相关门类下，全球的研发人员和同事都可围绕它提出各种致力于完善它的建议和解决方案。

IBM 从内部开始的试验伸延了维基推崇的若干理念：下放式的非精英化决策思路、扁平与透明化和大众协作，更重要的，对外界开放的平台。

对于中国来说，尽管没有形成系统的理论，但维基"开源"模式的基因已经渗透到中国企业的新商业模式中。从生产、研发、销售各个环节都有先行的企业在进行尝试。前几年众包的概念十分流行，但这种流行也只是基于形式层面，并未深入到具体运作。近几年，这个词逐渐从大众的眼中消失，这是因为，完全依赖众包几乎是不可能的。

众包只是提供了一种模式或者是一个平台，使分解任务能够被大众所完成。就目前的各种案例来看，真正盈利的众包玩法只适用于某些特定的领域，比如亚马逊旗下的网络交易平台 Mechanical Turk。该平台主要用于交易"劳动力"——任务提交者可以在平台上发起一项任务，邀请个人用户参与完成，并支付小额报酬。比方说，请个人用户来选择一家商业机构最适合的配图，或填写一张简单的调查表，然后会往他的亚马逊账户打入相应的报酬。亚马逊将这类服务形容为"人工的人工智能"。但我们应该看到的是，之所以该平台是目前相对最为成熟的众包模式，得益于作为电商的亚马逊已经拥有庞大的用户群、支付系统和中控系统，这些强大的支撑使得 Mechanical Turk 具备了其他众包所没有的稳定性、持续性、扩张性，实现了商业化。

因此，大众的兴趣很容易被激发，大众的智慧也很容易被集结，但是如何利用这些兴趣和智慧产生经济效益则是完全进入到管理领域了，关于管理领域中的协作、决策、引导、激励等一系列环节都需要打破传统并与之匹配，届时，我们才可以再谈众包的商业化。

第三节 "互联网+"金融

随着互联网的发展，互联网商业模式正由"眼球"为王、流量变现的消费互联网时代进入融合虚拟世界和现实世界的产业互联网时代，即"互联网+"时代。移动互联网融合了线上、线下，使我们带着自己个性化信息一直处于互联网中。行业垄断被打破，如微信打破了通信垄断，微博打破了宣传垄断，互联网金融打破了传统金融业的垄断，以云计算、移动互联、大数据为代表的互联网新技术正高效地为人们提供个性化的服务。互联网的影响已不再局限于企业前端的营销环节，而是渗入企业的研发、生产、仓储、运输、客户管理等全部环节，并正在深刻改变着我们的组织形式。

本节我们将从金融机构功能、融资方式开始，了解互联网金融的概念、类型、特点，并认识互联网金融的主要模式。

一、互联网金融概述

(一) 金融与金融机构

金融是指货币资金的融通。金融业是指经营金融商品的特殊行业，包括银行、证券、保险、信托、基金等。

金融机构是指专门从事货币信用活动的中介组织，是金融体系的组成部分，包括银行、证券公司、保险公司、信托投资公司和基金管理公司等。

1. 金融机构的功能和服务

金融机构通常提供以下一种或多种功能和金融服务：

(1) 接受存款功能。在市场上筹资从而获得货币资金，将其改变并构建成不同种类的更易接受的金融资产，这类业务形成金融机构的负债和资产，这是金融机构的基本功能，行使这一功能的金融机构是最重要的金融机构类型。

(2) 经纪和交易功能。代表客户交易金融资产，提供金融交易的结算服务；自营交易金融资产，满足客户对不同金融资产的需求。

(3) 承销功能。帮助客户创造金融资产，并把这些金融资产出售给其他市场参与者。提供承销的金融机构一般也提供经纪或交易服务。

(4) 咨询和信托功能。为客户提供投资建议，保管金融资产，管理客户的投资组合。

2. 金融机构的基本类型

我国金融机构按其地位和功能大致划分为以下四类：

(1) 货币当局又称中央银行，即中国人民银行。

(2) 银行包括政策性银行、商业银行。商业银行又分为国有独资商业银行、股份制商业银行、城市合作银行以及住房储蓄银行。

(3) 非银行金融机构主要包括国有及股份制的保险公司、城市合作社及农村信用合作社、信托投资公司、证券公司、证券交易中心、投资基金管理公司、证券登记公司、财务公司及其他非银行金融机构。

(4) 境内开办的外资、侨资、中外合资金融机构，包括外资、侨资、中外合资的银行、财务公司、保险机构等在我国境内设立的业务分支机构及驻华代表处。

3. 融资渠道与融资方式

融资渠道是指协助企业的资金来源，主要包括内源融资和外源融资。内源融资主要是指企业的自有资金和在生产经营过程中的资金积累部分。外源融资即外部协助企业融资，是企业的外部资金来源部分，主要包括直接融资和间接融资两类方式：直接融资是指企业进行的首次上市募集资金(IPO)、配股和增发等股权协助企业融资活动，所以也称为股权融资；间接融资是指企业资金来自于银行、非银行金融机构的贷款等债权融资活动，所以也称为债务融资。随着技术的进步和生产规模的扩大，单纯依靠内部协助企业融资已经很难满足企业的资金需求，外部协助企业融资成为企业获取资金的重要方式。

日常生活中常见的融资方式有：

(1) 银行贷款。银行是贷款者的忠实伙伴，是专门经营货币信用的特殊企业，它以一定的成本聚集了大量储户的巨额资金，银行就像一个资金"蓄水池"，随时准备向符合条件的企业和个人提供他们所需要的各种期限和数额的贷款。

(2) 信用卡。信用卡是贷款的一个重要的资金来源。尽管许多人都认为信用卡是非传统的融资渠道，但利用信用卡融通资金做法已经日益普遍，广为接受。

(3) 申请小额担保贷款。银行对符合条件的小企业发放贷款，并且可由财政部门按人民银行公布的贷款基准利率百分之五十给予贴息，但展期不贴息。

(4) 商业抵押贷款。将商业房抵押给银行，可以申请贷款。此外，用存单、国库券、保险公司保单等凭证做质押，也可以轻松获得个人贷款。

(5) 保证贷款。如果创业者的亲属或朋友有一份稳定的收入，也能成为绝好的信贷资源。尤其是公务员、事业单位员工、律师、医生、金融行业人员等信用贷款的优质客户，甚至不需办理抵押、评估手续，在资料齐全的情况下能较快地获取创业资金。

(6) 网络贷款。随着互联网的发展和民间借贷的兴起，网贷平台也正在成为个人创业贷款的申请途径之一。通过网贷平台，个人创业者可以足不出户的办理贷款申请的各项步骤，包括贷款的申请要求、申请资料，一直到提交贷款申请，都可以在网贷平台上便捷、高效地完成。而且，相较于银行贷款，在网贷平台申请贷款需要满足的条件比较宽松：只要是年满18周岁以上的有完全民事行为能力的中国大陆地区公民、有正当的职业和稳定的经济收入、具有按期偿还贷款本息的能力、无不良信用记录，一般都可以成功获得贷款用于个人创业。

(二) 互联网金融概念

1. 互联网金融的定义

互联网金融(ITFIN)就是互联网技术和金融功能的有机结合，依托大数据和云计算在开放的互联网平台上形成的功能化金融业态及其服务体系，包括基于网络平台的金融市场体系、金融服务体系、金融组织体系、金融产品体系以及互联网金融监管体系等，并具有普惠金融、平台金融、信息金融和碎片金融等相异于传统金融的金融模式。

2. 互联网金融类型

互联网金融包括三种基本的企业组织形式：网络小贷公司、第三方支付公司以及金融中介公司。当前商业银行普遍推广的电子银行、网上银行、手机银行等也属于此类范畴。互联网金融的形式众多，可分为如下类型：

(1) 资金募集：众筹、电商小贷、P2P贷款等。

(2) 理财：余额宝之类的产品。

(3) 支付：网上支付、移动支付。

(4) 互联网货币：比特币、莱特币、电子货币等。

(5) 互联网金融信息服务。

3. 互联网金融的信息处理

资金需求双方的信息是信息处理的主要内容。直接融资与间接融资的信息处理主要通过两方面进行：一是资金需求者信用好坏的信息有专门的机构去搜集和区分，资金供给者从机构购买信息，例如信用评级机构、证券公司等；二是政府对其进行管制。

互联网金融模式下的信息处理方式有以下几种：

一是利用社交网络生成和传播的信息，特别是对个人和机构没有义务披露的信息，使得人们的"诚信"程度提高，大大降低了金融交易的成本，对金融交易有基础作用。如一些利益相关者各自掌握诸如经营状况、财产、消费习惯、信誉等信息，汇在一起就能得到信用资质和盈利前景方面的完整信息。"淘宝网"类似社交网络，如商户的交易形成的海量信息，特别是货物和资金交换的信息，显示了商户的信用资质，如果淘宝网设立小额贷款公司，利用这些信息给一些商户发放小额贷款，效果会很好。

二是搜索引擎对信息的组织、排序和检索，能缓解信息超载问题，有针对性地满足信息需求。搜索引擎与社交网络融合是一个趋势，本质是利用社交网络蕴含的关系数据进行信息筛选，可以提高"诚信"程度。比如，抓取网页的"爬虫"算法和网页排序的链接分析方法都利用了网页间的链接关系，属于关系数据。

三是云计算保障海量信息的高效存储和高速处理能力。金融业是计算能力的使用大户，云计算满足了金融交易的信息基础条件，它会对金融业产生重大影响。在云计算的保障下，资金供需双方信息通过社交网络揭示和传播，被搜索引擎组织和标准化，最终形成时间连续、动态变化的信息序列，可以给出任何资金需求者(机构)的风险定价或动态违约概率，而且成本极低。

4. 互联网金融的主要特点

与传统金融相比，目前互联网金融具有如下特点：

(1) 成本低。互联网金融模式下，资金供求双方可以通过网络平台自行完成信息甄别、匹配、定价和交易，无传统中介、无交易成本、无垄断利润。一方面，金融机构可以避免开设营业网点的资金投入和运营成本；另一方面，消费者可以在开放透明的平台上快速找到适合自己的金融产品，削弱了信息不对称程度，更省时省力。

(2) 效率高。互联网金融业务主要由计算机处理，操作流程完全标准化，客户不需要排队等候，业务处理速度更快，用户体验更好。如阿里小贷依托电商积累的信用数据库，经过数据挖掘和分析，引入风险分析和资信调查模型，商户从申请贷款到发放只需要几秒钟，日均可以完成贷款 1 万笔。

(3) 覆盖广。互联网金融模式下，客户能够突破时间和地域的约束，在互联网上寻找需要的金融资源，金融服务更直接，客户基础更广泛。此外，互联网金融的客户以小微企业为主，覆盖了部分传统金融业的金融服务盲区，有利于提升资源配置效率，促进实体经济发展。

(4) 发展快。依托于大数据和电子商务的发展，互联网金融得到了快速增长。以余额宝为例，余额宝上线 18 天，累计用户数达到 250 多万，累计转入资金达到 66 亿元。据报道，余额宝融资 500 亿元，成为规模最大的公募基金。

(5) 管理弱。一是风控弱，互联网金融还没有接入人民银行征信系统，也不存在信用信息共享机制，不具备类似银行的风控、合规和清收机制，容易发生各类风险问题，已有众贷网、网赢天下等 P2P 网贷平台宣布破产或停止服务；二是监管弱，互联网金融在中国处于起步阶段，还没有监管和法律约束，缺乏准入门槛和行业规范，整个行业面临诸多政策和法律风险。

(6) 风险大。一是信用风险大，现阶段中国信用体系尚不完善，互联网金融的相关法律还有待配套，互联网金融违约成本较低，容易诱发恶意骗贷、卷款跑路等风险问题，特别是 P2P 网贷平台由于准入门槛低和缺乏监管，成为不法分子从事非法集资和诈骗等犯罪活动的温床。已先后曝出淘金贷、优易网、安泰卓越等 P2P 网贷平台"跑路"事件；二是网络安全风险大，中国互联网安全问题突出，网络金融犯罪问题不容忽视，一旦遭遇黑客攻击，互联网金融的正常运作会受到影响，危及消费者的资金安全和个人信息安全。

5. 中国互联网金融发展总体情况和监管

(1) 中国互联网金融发展历程要远短于美欧等发达经济体，但发展迅速。

中国互联网金融大致经历了三个发展阶段：

第一个阶段是 1990—2005 年左右的传统金融行业互联网化阶段；

第二个阶段是 2005—2011 年前后的第三方支付蓬勃发展阶段；

第三个阶段是 2011 年至今的互联网实质性金融业务发展阶段。

在互联网金融发展的过程中，国内互联网金融呈现出多种多样的业务模式和运行机制。

当前互联网金融总体格局由传统金融机构和非金融机构组成。传统金融机构在互联网金融上的表现主要在传统金融业务的互联网创新、电商化创新、APP 软件等方面；从事互联网金融的非金融机构则主要是指利用互联网技术进行金融运作的电商企业、P2P 模式的网络借贷平台、众筹模式的网络投资平台、挖财类的手机理财 APP 以及第三方支付平台等。

从政府不断出台的金融、财税改革政策可以看出，惠及扶持占中国企业总数 98% 以上的中小微企业发展已然成为主旋律。而相比传统金融机构和渠道而言，互联网金融轻应用、碎片化、及时性理财的属性更易受到中小微企业的青睐，也更符合其发展模式和刚性需求。

(2) 中国互联网金融的监管。

2015 年 3 月，李克强总理在政府工作报告中提出：制定"互联网+"行动计划，推动移动互联网、云计算、大数据、物联网等与现代制造业结合，促进电子商务、工业互联网和互联网金融健康发展，引导互联网企业拓展国际市场。

中国人民银行正与银行业、证券业及保险业监管机构联手，试图落实相关监管措施，防止消费者信息被盗用或误用，确保互联网投资产品的风险得到充分披露，并禁止非法融资活动，管理层人士曾多次对互联网金融监管表态。对于互联网金融进行评价，尚缺乏足够的时间序列和数据支持，要留有一定的观察期。要鼓励互联网金融创新和发展，包容失误，但同时绝不姑息欺诈、诈骗等违法犯罪活动。互联网金融不能触碰非法集资、非法吸收公众存款两条法律红线，尤其 P2P 平台不可以办资金池，也不能集担保、借贷于一体。传统线下金融业务转到线上开展，要遵守线下金融业务的监管规定，所以，主张以监管促进互联网金融健康发展。政府要为互联网金融企业创造良好的发展环境，同时互联网金融企业也要有一道防控风险的"防火墙"。

明确互联网金融三条不能碰的红线：第一，不能碰乱集资的红线；第二，吸收公众存款的红线；第三，诈骗的红线。

二、互联网金融的主要模式

(一) 众筹

众筹大意为大众筹资或群众筹资，是指用团购预购的形式向网友募集项目资金的模式。

众筹的本意是利用互联网和 SNS 传播的特性，让创业企业、艺术家或个人对公众展示他们的创意及项目，争取大家的关注和支持，进而获得所需要的资金援助。众筹平台的运作模式大同小异——需要资金的个人或团队将项目策划交给众筹平台，经过相关审核后，便可以在平台的网站上建立属于自己的页面，用来向公众介绍项目情况。

主要形式：股权制、奖励制、募捐制、借贷制。

(二) P2P 网贷

P2P(Peer-to-Peerlending)即点对点信贷。P2P 网贷是指通过第三方互联网平台进行资金借、贷双方的匹配，需要借贷的人群可以通过网站平台寻找到有出借能力并且愿意基于一定条件出借的人群，帮助贷款人通过和其他贷款人一起分担一笔借款额度来分散风险，也帮助借款人在充分比较的信息中选择有吸引力的利率条件。

P2P 网贷有两种运营模式：

一是纯线上模式，其特点是资金借贷活动都通过线上进行，不结合线下的审核。通常这些企业采取的审核借款人资质的措施有通过视频认证、查看银行流水账单、身份认证等。

二是线上、线下结合的模式，借款人在线上提交借款申请后，平台通过所在城市的代理商采取入户调查的方式审核借款人的资信、还款能力等情况。

(三) 第三方支付

第三方支付(Third-PartyPayment)狭义上是指具备一定实力和信誉保障的非银行机构，借助通信、计算机和信息安全技术，采用与各大银行签约的方式，在用户与银行支付结算系统间建立连接的电子支付模式。

根据央行 2010 年在《非金融机构支付服务管理办法》中给出的非金融机构支付服务的定义，从广义上讲第三方支付是指非金融机构作为收、付款人的支付中介所提供的网络支付、预付卡、银行卡收单以及中国人民银行确定的其他支付服务。第三方支付已不仅仅局限于最初的互联网支付，而是成为线上、线下全面覆盖，应用场景更为丰富的综合支付工具。

支付是金融的基础环节，第三方支付是互联网金融的先锋和基石。随着交易服务对象的不断细分，出现了三种不同的第三方支付模式：一种是以银联为代表的网关型综合支付；一种是以支付宝为代表的担保型账户支付；另一种则是以易宝支付为代表的行业支付。

第三方支付在互联网金融中处于核心位置。首先是第三方支付所占的比重大，在整个互联网金融市场中，第三方支付占据了绝大部分的份额。更重要的是第三方支付对风险的控制和把握。金融的本质是在经营风险，风险控制的基础是基于数据分析的征信体系。拥有大量商业交易支付数据的第三方支付公司，能在常年累积的大数据基础上做好风险控制，也因此成为整个互联网金融的核心和发展的动力之一。

相关链接：

1. 余额宝是 2013 年由第三方支付平台支付宝打造的一项余额增值服务。通过余额宝，用户可以将支付宝中暂时闲置的资金转入余额宝中购买基金等理财产品从而获得收益。同时用户可以将余额宝的资金随时消费和转出用于网上购物、支付宝转账等支付功能。余额宝发挥的作用相当于一个"吸储"的功能，将用户的资金吸引过来，从而抢了银行的储蓄生意。

进一步来说，今后阿里公司将这些资金用于阿里小贷的贷款业务中，则可能部分地抢了银行的贷款业务。

"余额宝"抢了银行的理财生意

2. 2013年8月，微信联合财付通共同推出微信支付。10月17日，腾讯又与人保财险合作推出全额赔付保障，用户使用微信支付出现的任何资金被盗等损失，将可获得全额赔付，并推出"你敢付，我敢赔"的口号。腾讯依靠微信熟人社交的"马太效应"，从接入航空、基金公司、电商业务再到杀入线下百货、餐饮业等行业。现在微信可以支付的服务有电影票团购、交通卡充值、部分保险机构产品销售、自助售卖机支付等。

（四）数字货币

以比特币等数字货币为代表的互联网货币爆发，从某种意义上来说，比其他任何互联网金融形式都更具颠覆性。所有的互联网金融只是对现有的商业银行、证券公司提出挑战，而互联网货币的形态就是对央行的挑战。

典型代表：比特币(BitCoin)，如图3-17所示。

比特币的概念最初由中本聪在2009年提出，是根据中本聪的思路设计发布的开源软件以及建构其上的P2P网络。比特币是一种P2P形式的数字货币。点对点的传输意味着一个去中心化的支付系统。

图3-17　比特币

与法定货币相比，比特币没有一个集中的发行方，而是由网络节点的计算生成，谁都有可能参与制造比特币，而且可以全世界流通，可以在任意一台接入互联网的电脑上买卖，不管身处何方，任何人都可以挖掘、购买、出售或收取比特币，并且在交易过程中外人无法辨认用户身份信息。比特币网络通过"挖矿"来生成新的比特币。所谓"挖矿"实质上是用计算机解决一项复杂的数学问题，来保证比特币网络分布式记账系统的一致性。比特币网络会自动调整数学问题的难度，让整个网络约每10分钟得到一个合格答案。随后比特币网络会新生成一定量的比特币作为赏金，奖励获得答案的人。

比特币经济使用整个P2P网络众多节点构成的分布式数据库来确认并记录所有的交易行为，并使用密码学的设计来确保货币流通各个环节的安全性。P2P的去中心化特性与算法本身可以确保无法通过大量制造比特币来人为操控币值。基于密码学的设计可以使比特币只能被真实的拥有者转移或支付。这同样确保了货币所有权与流通交易的匿名性。比特币与其他虚拟货币最大的不同是其总数量非常有限，具有极强的稀缺性。该货币系统曾在4年内只有不超过1050万个，之后的总数量将被永久限制在2100万个。

在2013年8月19日，德国政府正式承认比特币的合法"货币"地位，比特币可用于缴税和其他合法用途，德国也成为全球首个认可比特币的国家，这意味着比特币开始逐渐从极客的玩物，走入大众的视线。

（五）大数据金融

大数据金融是指集合海量非结构化数据，通过对其进行实时分析，可以为互联网金融机构提供客户全方位信息，通过分析和挖掘客户的交易和消费信息掌握客户的消费习惯，并准确预测客户行为，使金融机构和金融服务平台在营销和风险控制方面有的放矢。

基于大数据的金融服务平台主要指拥有海量数据的电子商务企业开展的金融服务。大数据的关键是从大量数据中快速获取有用信息的能力，或者从大数据资产中快速变现利用的能力。因此，大数据的信息处理往往以云计算为基础。

（六）信息化金融机构

所谓信息化金融机构是指通过采用信息技术，对传统运营流程进行改造或重构，实现经营、管理全面电子化的银行、证券和保险等金融机构。金融信息化是金融业发展趋势之一，而信息化金融机构则是金融创新的产物。

从金融整个行业来看，银行的信息化建设一直处于业内领先水平，不仅具有国际领先的金融信息技术平台，建成了由自助银行、电话银行、手机银行和网上银行构成的电子银行立体服务体系，而且以信息化的大手笔——数据集中工程在业内独领风骚，其除了基于互联网的创新金融服务之外，还形成了"门户""网银、金融产品超市、电商"的一拖三金融电商创新服务模式。

（七）金融门户

互联网金融门户(ITFIN)是指利用互联网进行金融产品的销售以及为金融产品销售提供第三方服务的平台。它的核心就是"搜索比价"的模式，采用金融产品垂直比价的方式，将各家金融机构的产品放在平台上，用户通过对比挑选合适的金融产品。

互联网金融门户多元化创新发展，形成了提供高端理财投资服务和理财产品的第三方理财机构，提供保险产品咨询、比价、购买服务的保险门户网站等。这种模式不存在太多政策风险，因为其平台既不负责金融产品的实际销售，也不承担任何不良的风险，同时资金也完全不通过中间平台。

三、典型案例——众筹

众筹源自国外 crowdfunding 一词，即大众筹资或群众筹资(香港译作"群众集资"，台湾译作"群众募资")，由发起人、跟投人和平台构成。

据众筹之家统计数据显示，截至 2017 年 6 月 30 日，中国累计互联网众筹平台数量 404 家，其中股权/收益权众筹平台 175 家，产品/物权众筹平台 189 家，公益众筹平台 13 家，混合众筹平台 27 家。

2014 年 12 月 18 日，中国证券业协会发布《私募股权众筹融资管理办法(试行)(征求意见稿)》，从股权众筹融资的非公开发行性质、股权众筹平台、投资者、融资者等方面做出了详细规定，以划清与非法集资的边界。

2017 年 1 月 15 日，中央和国务院办公厅联合印发《关于促进移动互联网健康有序发展的意见》。《意见》提出，发展众创、众包、众扶、众筹等新模式，拓展境内民间资本和风险资本融资渠道。

2017年3月，《证券法》修订草案中推动股权众筹机制成亮点。

2017年上半年，众筹行业布局的巨头们相继退场，其中有苏宁私募股权众筹、百度众筹等。

股权众筹快速发展和深度调整并行，模式创新与现行国家政策、法律法规同时面临挑战。

众筹在国内还是初期阶段，各种众筹融资的案例很多，但成功运作的项目却是凤毛麟角。接下来分享国内众筹的几个经典案例(来源：中国CEO公会—CEO俱乐部)。

案例一：美微创投——凭证式众筹

朱江决定创业，但是拿不到风投。

2012年10月5日，淘宝出现了一家店铺，名为"美微会员卡在线直营店"，淘宝店店主是美微传媒的创始人朱江，原来在多家互联网公司担任高管。

消费者可通过淘宝店拍下相应金额会员卡，但这不是简单的会员卡，购买者除了能够享有"订阅电子杂志"的权益，还可以拥有美微传媒的原始股份100股。朱江2012年10月5日开始在淘宝店里上架公司股权，4天之后，网友凑了80万。

美微传媒的众募式试水在网络上引起了巨大的争议，很多人认为有非法集资嫌疑，果然还未等交易全部完成，美微的淘宝店铺就于2月5日被淘宝官方关闭，阿里对外宣称淘宝平台不准许公开募股。而证监会也约谈了朱江，最后宣布该融资行为不合规，美微传媒不得不像所有购买凭证的投资者全额退款。按照证券法，向不特定对象发行证券，或者向特定对象发行证券累计超过200人的，都属于公开发行，都需要经过证券监管部门的核准才可。

后来，美微传媒创始人朱江复述了这一情节，透露了比"叫停"两个字丰富得多的故事：

"我的微博上有许多粉丝一直在关注着这事，当我说拿不到投资，创业启动不了的时候，很多粉丝说，要不我们凑个钱给你吧，让你来做。我想，行啊，这也是个路子，我当时已经没有钱了。

这让我认识到社交媒体力量的可怕，之后我就开始真正地思考这件事情了：该怎么策划，把融资这件事情当做一个产品来做。

大概一周时间，我们吸引了1000多个股东，其实真正的数字是3000多位，之后我们退掉了2000多个，一共是3000多位投资者打来387万……目前公司一共有1194个投资者。

钱拿到之后，在上海开了一个年度规划会。我的助手接到一个电话：你好，我是证监会的，我想找你们的朱江。

刚开始我很坦然，心想为什么证监会会出来管？去证监会的时候，一路上心情很轻松，但在证监会的门口，我突然心情沉重起来了，应该是门口的石狮子震慑住我，四个月时间里，我们和证监会一共开了九次会。

我的律师在北京很有名，通过代持协议达成了这么多投资人的方案。这样协议没有样板，都是一行行给我打好的，律师告诉我，他做的这个代持协议，主要是针对工商、税务和公安做的，没想到是证监会来管我，这是最为开放的一个部门，我的运气很好。

第一次会议上我就诚恳地认错，反省自己法律意识淡薄，证监会的领导说我一点都不淡薄，整个法律文件写得相当专业，不是法律意识淡薄的人写的。接下来的八次会议讨论的事情，就是之前的那张代持协议是有效协议还是无效协议，证监会联合多家部门，把我们公司的账都翻了一遍。

证监会干的让我觉得最了不起的一件事情，是给 1194 个投资人都打过电话。一半的投资人接到电话就直接挂了，都以为是骗子，在群里说，今天遇到骗子打电话来说是证监会，要来了解美微传媒，我告诉他们的确是证监会在调查。"

据朱江描述，证监会重点问了所有投资人两个问题：第一朱江有没有承诺你保本？第二，有没有承诺每年的固定收益率？

案例二：3W 咖啡——会籍式众筹

互联网分析师许单单这两年风光无限，从分析师转型成为知名创投平台 3W 咖啡的创始人。3W 咖啡采用的就是众筹模式，向社会公众进行资金募集，每个人 10 股，每股 6000 元，相当于一个人 6 万。那时正是玩微博最火热的时候，很快 3W 咖啡汇集了一大帮知名投资人、创业者、企业高级管理人员，其中包括沈南鹏、徐小平、曾李青等数百位知名人士，股东阵容堪称华丽，3W 咖啡引爆了中国众筹式创业咖啡在 2012 年的流行。

几乎每个城市都出现了众筹式的 3W 咖啡。3W 很快以创业咖啡为契机，将品牌衍生到了创业孵化器等领域。

3W 的游戏规则很简单，不是所有人都可以成为 3W 的股东，也就是说不是你有 6 万就可以参与投资的，股东必须符合一定的条件。3W 强调的是互联网创业和投资圈的顶级圈子，没有人是为了 6 万未来可以带来的分红来投资的，更多是 3W 给股东的价值回报——圈子和人脉价值。试想如果投资人在 3W 中找到了一个好项目，那么多少个 6 万就赚回来了。同样，创业者花 6 万就可以认识大批同样优秀的创业者和投资人，既有人脉价值，也有学习价值。很多顶级企业家和投资人的智慧不是区区 6 万可以买的。

英国的 M1NT Club 将会籍式众筹股权俱乐部表现得淋漓尽致。M1NT 在英国有很多明星股东会员，并且设立了诸多门槛，曾经拒绝过著名球星贝克汉姆，理由是当初小贝在皇马踢球，常驻西班牙，不常驻英国，因此不符合条件。后来 M1NT 在上海开办了俱乐部，也吸引了 500 个上海地区的富豪股东，主要以老外圈为主。

案例三：乐视用众筹开创了企业利用众筹营销的先河

国内知名视频网站乐视网牵手众筹网发起世界杯互联网体育季活动，并上线首个众筹项目——我签 C 罗你做主，只要在规定期限内，集齐 1 万人支持(每人投资 1 元)，项目就宣告成功，乐视网就会签约 C 罗作为世界杯代言人。届时，所有支持者也会成为乐视网免费会员，并有机会参与一系列的后续活动。这可能是国内第一次用众筹方式邀请明星。

这次众筹项目的意义在于开创了企业利用众筹模式进行营销的先河。

首先，利用了众筹模式潜在的用户调研功能。乐视网此次敢于发布签约 C 罗的项目，相信其早已准备好了要跟 C 罗签约世界杯，通过此次与众筹网联合，可以让乐视网在正式签约之前，进行一次用户调研。

其次，乐视网通过与众筹网的联合，给签约 C 罗代言世界杯活动进行宣传。乐视网充分利用了众筹潜在的社交和媒体属性，在世界杯还没到来的时候就做出了充分的预热。

最后，乐视网可以借助此次活动拉动世界杯的收视，并且为正式签约 C 罗之后的活动积累到用户。

乐视网的这一创举一方面让众筹网越来越多地进入大家的视线，另一方面也给整个众筹行业起到了带动作用。但隐藏在活动背后，值得其他有相同想法的企业思考的是：通过众筹网，企业还可以怎么玩。

案例四：李善友用众筹模式改变创业教育

"求捐助！交学费！不卖身！只卖未来！"继91助手熊俊、雕爷牛腩孟醒等一批创业者高调网上众筹之后，微窝创始人钱科铭也紧随其后，在微博朋友圈喊话，向粉丝卖未来，筹集上中欧创业营的 11.8 万元学费。

"众筹学费"正是中欧创业营创始人李善友教授给新学员们布置的第一次实践任务，学员需要运用互联网思维来为自己筹集学费，而网上这些或真诚或诙谐的文章就出自于中欧创业营的第三期"准"学员们。

案例五：Her Coffee 咖啡——海归白富美众筹

记得有位女性作家说过，每个女孩内心深处都驻扎着几个梦想精灵，其中就包括开一家属于自己的咖啡店。只是过去敢把梦想变为现实的女孩少之又少，借助众筹的力量，2013 年 8 月，66 位来自各行各业的海归白富美，每人投资两万元，共筹集 132 万元在北京建外 SOHO 开了一家咖啡馆，名字叫 Her Coffee。采用众筹模式的全国首家以全美女军团为代表的 Her Coffee 迅速在投资界和商界引起高度关注。

2014 年，曾经被誉为"最性感咖啡馆"的 Her Coffee 的投资者意识到，她们碰到了众筹模式的天花板。Her Coffee 股东、负责人卫梦婷坦言，她们的确感受到了众筹模式带来的问题。"决策上没问题，缺少落地的人。"由于股东普遍忙于自己日常工作，能够投入的时间、精力有限，对餐饮也不熟悉，Her Coffee 缺乏精于此道的好管家。作为一种碎片化的股权投资，众筹所吸引的参与者更多是出于"感觉有趣"的消费心理，而非投资心理，心存股东情怀，却匮乏老板意识。

Her Coffee 希望引入一至两位大股东，洽谈融资，持股比例为 40%~50%，同时聘请专业团队执行管理。这也意味着 Her Coffee 正逐步淡化"众筹模式"。

除了股权的变动，Her Coffee 在业态方面将有所拓展。餐食方面将通过与中央厨房的合作，提供商务套餐的堂食及外送服务，以弥补厨房的缺憾。同时加强现在的活动承接优势，在调动股东资源的基础上，更多建立与俱乐部、协会等的合作。手机链、环保杯、影视拍摄等周边女性产品也在逐渐上线。

不盈利并不代表能保证不亏损，不以盈利为目的不代表亏钱了也无所谓。之所以不少众筹咖啡店在经营将近一年时传出面临倒闭的新闻，正是因为当初开店时众筹的原始资金只够第一年初始投资费用，即装修、家具、咖啡机等一次性硬件投入和第一年的租金。假如第一年咖啡店持续亏损，则意味着咖啡店只有两条出路：要不就是进行二次众筹，预先筹集到第二年的房租、原料、水电、员工等刚性成本，继续烧钱；要不就是关门歇业。

事实证明，对大部分参与众筹的股东来说，"不以盈利为目的"甚至"公益性质"的说辞只是一种冠冕堂皇的高调子，股东还是希望咖啡店能赚钱并给自己带来投资回报，即使不赚钱，如果咖啡店能维持经营也行。但如果持续亏损，那这个资金缺口谁来承担呢？第一次众筹成功依靠的是希望和梦想，当盈利希望破碎后，又有几人愿意再通过二次众筹，往这个亏损的无底洞里砸钱呢？

在 Her Coffee 背后，我们关注的是众筹商业模式的痛点和可持续性。

第四节　共 享 经 济

随着网络技术的发展，以"共享"为特色的经济形态出现了，并表现出迅速发展的趋势。

事实上，共享概念早已有之。传统社会，朋友之间借书或共享一条信息、邻里之间互借东西，都是一种形式的共享。但这种共享受制于空间、关系两大要素：一方面，信息或实物的共享要受制于空间的限制，仅限于个人所能触达的空间之内；另一方面，共享需要有双方的信任关系才能达成。

一、共享经济概念

共享经济是指以获得一定报酬为主要目的，基于陌生人且存在物品使用权暂时转移的一种商业模式。这其中主要存在三大主体：商品或服务的需求方、供给方和共享经济平台。

共享经济平台作为移动互联网的产物，通过移动 LBS 应用、动态算法与定价、双方互评体系等一系列机制的建立，使得供给与需求双方通过共享经济平台进行交易。与传统的酒店业、汽车租赁业不同，共享经济平台公司并不直接拥有固定资产，而是通过撮合交易获得佣金。这些平台型的互联网企业利用移动设备、评价系统、支付、LBS 等技术手段有效地将需求方和供给方进行最优匹配，达到双方收益的最大化。

二、共享经济的发展

随着互联网 Web2.0 时代的到来，各种网络虚拟社区、BBS、论坛开始出现，用户在网络空间上开始向陌生人表达观点、分享信息。但网络社区以匿名为主，社区上的分享形式主要局限在信息分享或者用户提供内容(UGC)，而并不涉及任何实物的交割，大多数时候也并不带来任何金钱的报酬。

2010 年前后，随着 Uber、Airbnb 等一系列实物共享平台的出现，共享开始从纯粹的无偿分享、信息分享，走向以获得一定报酬为主要目的，基于陌生人且存在物品使用权暂时转移的"共享经济"。

Uber 自 2009 年成立以来，以一个颠覆者的角色在交通领域掀起了一场革命。Uber 打破了传统由出租车或租赁公司控制的租车领域，通过移动应用，将出租车辆的供给端迅速放大，并提升服务标准，在出租车内为乘客提供矿泉水、充电器等服务，将全球的出租车和租车行业拖入了一轮新的竞争格局。

与 Uber 类似，Airbnb 源于两位设计师创始人在艺术展览会期间出租自己的床垫而引申出来。Airbnb 意为在空中的"bed and breakfast"，旨在帮助用户通过互联网预订有空余房间的住宅(民宿)。由于供给端的迅速打开以及所提供的各具特色民宿，Airbnb 在住宿业内异军突起，预定量与房屋库存开始比肩洲际、希尔顿等跨国酒店集团。

我们以 Uber 模式下的私家车共享为例来分析共享经济给供需双方带来的收益。

假设私家车车主以 50 万元购买车辆，每年维护保养费用为 3 万元。假设车辆使用寿命为 10 年，每年平均驾驶里程为 5 万里，车主每年自身驾驶里程仅为 2 万里，剩余 3 万公里为闲置资源。目前市场上出租车价格为 3 元/公里(扣除燃料费)，若该车主定价为 2 元/公里(扣除燃料费)。不考虑车主为共享经济平台所需支付的佣金，那么，闲置的 3 万公里每年可为车主带来额外的 6 万元现金流。与仅个人使用相比，在车辆使用的 10 年内，车辆共享带来的净现值收益为 36.9 万元。而对于需求方乘客而言，出租车价格为 3 元/公里，高于私家车的出租价格 2 元/公里。假设乘客每年乘坐出租车的需求为 3 万公里，则需求者乘坐私家车代替市场上的出租车，每年可节约 3 万元。在 10 年时间内，乘客乘坐私家车的净现值收益为 18.4 万元。

相关链接：共享经济的发展状况——"共享经济"国外先行国内跟进

在美国，贷款俱乐部(LendingClub)能让你像银行一样贷出多余现金，从而扮演银行家角色。个人对个人的租借市场规模已达 260 亿美元，整个"共享经济"的产值达 1100 亿美元。

在德国，12%的人通过互联网进行"合作式消费"，这一比例在 14～29 岁的年轻人中高达 25%。拼车网首席执行官马库斯·巴尼科尔坦言，每个月有 100 万用户使用他们的拼车服务，足迹遍布欧洲 40 个国家。据德国"共享经济"调查显示，人们对拼车、房屋互换、二手交易的热情越来越高，并且风险资本也进入了这一领域。

在国内，一大批打着"共享经济"旗号的租车网站及手机应用争先涌现，且渐渐分化出多个流派：一类是个人对个人，不提供司机，将私家车出租出去的 P2P 租车模式；一类是分享"空座"的顺风车拼车模式。众筹模式也成为倍受国内年轻创业者们追捧的主流方式之一，且发展势头迅猛。

随着网络技术逐渐降低了共享模式的成本，互助式短租、SNS 互助、拼饭拼车已成为风尚，旅行房屋租赁社区 Airbnb 正是这种模式的成功代表，在四年时间内估值接近 30 亿美元。

趋之若鹜的同类企业越来越多，P2P 模式让"共享经济"逐渐形成规模。共享经济很流行，但不是每个人在这流行的"顺风车"上都能走到最后。

三、共享经济的本质

共享经济的本质是通过整合线下的闲散物品或服务者，以较低的价格提供产品或服务。对于供给方来说，通过在特定时间内让渡物品的使用权或提供服务来获得一定的金钱回报；对需求方而言，不直接拥有物品的所有权，而是通过租、借等共享的方式使用物品。

共享经济具有两个特质：一是共享经济平台连接供给者和需求者；二是闲置资源的共享。

共享经济平台是由第三方创建的、以信息技术为基础的市场平台。这个第三方可以是商业机构、组织或者政府。个体借助这些平台，交换闲置物品，分享自己的知识、经验，或者向企业、某个创新项目筹集资金。在传统的供给模式下，用户是经过商业组织而获得产品或服务。商业组织的高度组织化决定了它们提供的主要是单一、标准化的商品或服务。同时，劳动者或服务提供者需要依附于商业组织，间接地向最终消费者提供服务，即供给方与需求方通过商业组织进行间接连接。共享经济的出现，打破了产品或服务提供者对商业组织的依附，他们可以直接向最终用户提供服务或产品，即供给方与需求方通过共享经济平台直接连接。

产品或服务提供者虽然脱离商业组织，但为了更广泛的接触需求方，他们接入互联网的共享经济平台。过去，优秀的个体劳动者是难以脱离商业组织而存在的，因为，脱离有组织的商业机构意味着他们需要自行解决办公场地、资金、客源、营销等非常繁多的问题。而共享经济平台的出现，在前端帮助个体劳动解决办公场地(WeWork 模式)、资金(P2P 贷款)的问题，在后端帮助他们解决集客的问题。共享经济平台成为产品或服务供给方和需求方的连接中介，帮助他们参与到比较复杂的市场经济中。同时，平台的集客效应促使单个的商户可以更好的专注于提供优质的产品或服务。

个体服务者脱离商业组织后，成为独立的劳动单位，他们可以接入多个平台，可以根据自己的需求调节服务，不再受到商业组织的制度束缚，与共享经济平台的关系松散。另一方面，这种松散的关系反而促使并激发他们提供更多样化、个性化和有创意的服务或产品，以获得消费者的口碑和好评，以此帮助他们在平台上更好的集客。

与传统的酒店业、汽车租赁业不同，共享经济平台公司并不直接拥有固定资产，而是通过撮合交易，获得佣金。正如李开复所说"(Uber、阿里巴巴和 Airbnb 三家)世界最大的出租车提供者没有车，最大的零售者没有库存，最大的住宿提供者没有房产。"这些平台型的互联网企业利用移动设备、评价系统、支付、LBS 等技术手段有效地将需求方和供给方进行最优匹配，达到双方收益的最大化。

共享经济的另一个核心特质是对个人闲置资源的共享。这一点在相当长的时间内并不成为一个重要的问题。就在中国创业公司伴米在硅谷"闯祸"事件发生后，对个人所有的资源进行共享，并获得一定的收益，才成为共享经济的核心实质。

个性化旅游平台伴米网是通过接入海外的兼职导游资源，让本地居民带领出境游客进行个性化的旅游体验。例如，参观海外名校校园、品尝私人饭店/酒庄的菜肴等。其初衷是利用海外华人的闲暇时间、本地化经验，为自由行的出境游客提供更个性化的服务。

伴米网最初拓展的海外城市旧金山硅谷是科技公司集中的区域。2015 年 9 月，一位 Facebook 华人员工将游客带入公司内进行参观和享用公司午餐并收取费用，一共有三名华人员工在此事件中被公司开除，甚至有拿到 Facebook 公司 offer 的新员工，由于在伴米上进行了实名注册，被 Facebook 公司直接收回 offer。此事件在海外华人圈引发轩然大波，硅谷包括 Airbnb、苹果、Facebook 等公司开始调查此事。

可以说，伴米网让游客体验海外真实生活是一个有益的共享经济尝试。但共享经济中所谓的"共享"是利用属于自己的闲置资源，将其分享出去并获得一定的收入，而远非利用公司的、公共的资源进行共享，并为共享者带来利益。而这其中涉及的公司保密问题、公共资源侵占问题，都并非是共享经济的初衷。

共享经济的特点是在陌生的个体之间通过第三方网络平台进行物品交换。因此，除了网络平台之外，信任关系也是实现共享经济的一个基本条件，正是第三方共享经济平台为共享经济群体的个体建立了相互有效的、值得信任的关系。第三方在共享经济发展过程中实现了巨大的金融收益,投资者也十分看好这一新型经济发展模式。

政策利好,共享经济稳步发展。

2016 年 2 月,《国民经济和社会发展第十三个五年规划纲要》提出:促进"互联网+"新业态创新,鼓励搭建资源开放共享平台,探索建立国家信息经济试点示范区,积极发展共享经济。

2016 年 3 月,共享经济首次写入《政府工作报告》,明确要"支持共享经济发展,提高资源利用效率,让更多人参与进来、富裕起来",同时提出"以体制机制创新促进共享经济发展"。

2016 年 7 月,《国家信息化发展战略纲要》发布,强调要"发展共享经济,建立网络化协同创新体系",共享经济成为国家信息化发展战略的重要组成部分。

2017 年 3 月,国家信息中心分享经济研究中心与中国互联网协会分享经济工作委员会联合发布《中国分享经济发展报告 2017》(以下简称《报告》),《报告》显示,2016 年我国共享经济市场交易额约为 34520 亿元,比上年增长 103%,未来几年仍将保持年均 40% 左右的高速增长,到 2020 年共享经济交易规模占 GDP 比重将达到 10% 以上,到 2025 年占比将攀升到 20% 左右。作为最彻底贯彻共享经济精神的汽车共享模式,凹凸租车等共享租车平台将成为推动经济发展的新动力。

但是,共享经济也面临一些问题,主要是这类新型经济活动在应用于现有法律和规范时存在模糊边界。从长远发展来看,政府或相关机构根据这些新模式对现有法律或规范做出调整或创建,将会有利于新经济活动更健康、更大规模地发展。

共享经济源自人类最初的一些特性,包括合作、分享、仁慈、个人选择等。信誉资本带来了正面、积极的大众合作性消费,创造了一种财富和社会价值增长的新模式。"共享经济"能够出现的动力大致来自以下几个方面:

(1) 信息技术的有力支撑,降低了共享的成本;

(2) 特定阶段经济形势的推动,如经济萧条催生消费新理念,经济危机后寻找新的经济增长点;

(3) 居民消费价值观念的变化,如合作式消费理念;

(4) 面对自然资源日渐衰竭而进行资源共享,环保观念逐渐深入人心。

四、共享经济案例

1. 在线租房

在线租房主要是居住空间上的分享,将市场上分散的房源信息集中起来,开放给有需要的用户。闲置房屋得到最大程度的利用并为其所有者带来收益的同时,租户日益多样的个性化需求也得到了满足。

代表企业有:Airbnb,蚂蚁短租,小猪短租,途家网 tujia,搜房网 SouFun。

Airbnb 是联系旅游人士和家有空房出租的房主的服务型网站,为用户提供各式各样的住宿信息。

蚂蚁短租提供高品质短租房、短租公寓、日租房、酒店式公寓免费预订服务。

小猪短租为用户提供高性价比的短租房、日租房住宿服务。

途家网是全球公寓民宿预订平台，覆盖世界 1410 个目的地，超过 44 万套公寓、别墅、民宿，包括树屋、房车、游艇等各式新奇住宿。

搜房网是房地产信息及供应链服务平台，提供业务支持与专业服务。

2017 年 2 月 15 日，艾瑞咨询发布了 2017 年中国在线短租行业研究报告。艾瑞通过调研数据分析显示，2016 年中国在线短租市场交易规模达到 87.8 亿，较去年增长 106.1%。市场维持高增长态势，预估 2017 年整个中国在线短租市场的交易规模将达到 125.2 亿元。报告认为，受旅游经济持续增长、社会环境逐渐成熟、信息技术的发展等宏观环境因素的影响，在线短租的需求旺盛，同时分享房屋作为一种有利可图的商业行为正在变得越来越容易实现。在市场竞争格局方面，在线短租市场的主流品牌认知度相较去年明显提升，途家及其旗下蚂蚁短租的品牌认知率更是超过 70%，稳居第一梯队。

国内的在线短租运营模式主要分为业主自营(C2C)、商户经营(C2B2C)和平台管理(B2C)。这三类运营模式各有侧重点：C2C 重运营轻资产，平台响应速度快，以 Airbib 为代表；C2B2C 品质把关严格，但线下团队运营成本高，以"自如民宿"为代表；B2C 生态链从上游开发房地产至下游运营出租，产销一体化，但个性风格相对弱化，以"途家"为代表。

国内短租发展势头良好，截止 2017 年 2 月底，途家已经完成 D+轮融资，估值 10 亿美元。小猪短租完成 D 轮融资，累计获得超过 1.5 亿美元。住百家完成新三板，累计融资超过 8.32 亿人民币。

典型案例：Airbnb

Airbnb 是 AirBed and Breakfast（"Air-b-n-b"）的缩写，中文名为空中食宿，是一家联系旅游人士和家有空房出租的房主的服务型网站，为用户提供各式各样的住宿信息。从参与主体来看属于 C2C 模式，从线上、线下来看属于 O2O 模式，交易完成后房东与租客进行互评。

盈利模式有佣金(租客佣金 6%～12%，房东佣金 3%，第三方佣金)、广告收入和第三方推广。

存在问题有房源可能不是房屋所有者而是来自二手房东、监管可能存在风险、竞争对手日益增多。这些问题直接影响行业发展。

2. 交通出行

交通出行主要以移动互联网平台为依托，整合社会闲置车辆、车辆空间或驾驶技能等公共、个人交通资源，通过距离、便捷度计算匹配出行供给方和需求方，实现分享出行能力。

代表企业有：优步 UBER，滴滴出行，car2go，多多拼车，PP 租车。

优步是用车软件平台，是共享经济鼻祖之一。Uber 提供私家车搭乘服务，主要运作模式是司机拿出自己的时间与汽车，在 Uber 登记上线，当附近有人叫车时，Uber 就近将任务派发给司机，司机接载乘客，赚取额外收入。

滴滴出行是一站式出行平台。滴滴以出租车软件开始，目前业务已经涵盖出租车、专车、快车、顺风车、代驾及大巴等多项业务，以分享概念将出租车司机、私家车拥有者、线下租车行业的闲置时间段和闲置车辆，通过移动互联网这一平台与需求方进行有效对接，提高了资源拥有者收入的同时，也使得空闲资源得到有效运用。

car2go 是单程、自由流动式汽车即时共享体系。

多多拼车是一家 O2O 模式的社会化拼车应用，着力解决交通及日常出行等问题。

PP 租车为乐于共享爱车的车主提供让爱车闲置时间变成收入的服务，同时为有租车需求的用户提供就近租车服务。

根据不同属性和用户需求，交通出行领域的"共享"分为打车、专车、代驾、租车、拼车等多种形式。2013 年开始，共享经济交通出行领域大规模洗牌，在资本的介入下，平台间烧钱争夺用户，最终滴滴和快的联合并开始占据市场主流地位。随着 Uber 进入中国，市场竞争再次进入胶着状态，未来的竞争格局尚不明朗。2016 年 7 月，《网络预约出租汽车经营服务管理暂行办法》的出台，为促进出租汽车行业和互联网融合发展提供了政策支持，更好地满足社会公众多样化出行。

网上车辆共享经营模式大致有中心化模式、去中心化模式和半中心化模式。

(1) 在互联网发展初期(Web1.0)采用中心化模式，所有用户都围绕着一个租车企业/平台(B 端)，以其为核心进行所有业务流程。存在的不足包括：在固定门店/地点租还车，限制租车行业发展；承租成本相对较高与租车企业利润低并存；信息传导慢，导致闲置资源浪费。

(2) 去中心模式则是一个没有中心的网状结构，整个网状结构由大量的"节点(用户 C 端)"共同维护，"节点"之间平等独立，实现直接联系与交互。这种模式的不足包括：结构稳定性较差；服务非标准化，质量参差不齐；专业性不够导致纠纷，易出现恶性竞争；车辆-泊位无法协同共享。

(3) 半中心化模式是基于车辆-泊位共享的互联网租车模式，该模式不止一个中心，其拥有很多小型中心，而这些中心对于平台的生态系统稳定性具有强大的支撑作用。

典型案例：car2go 租车

car2go 是戴姆勒旗下使用奔驰 smart 为主要车型的汽车共享项目，用户使用手机 APP 查找附近可用车辆，用智能卡解锁汽车后即可按分钟租用，用户不须在指定地点租车和还车，是一种自由流动式汽车即时共享项目。

盈利模式有时租(单程计费)和柏林(计费标准 0.29 欧元/分钟，停车时按 0.19 欧元/分钟)。存在问题有固定地点停车、生态系统不稳、车辆-泊位无法协同共享。

3. 生产能力

生产能力共享指的是通过互联网平台，将不同企业闲置的生产能力整合，实现产品的需求方和生产的供应方最有效对接的新型生产模式。

代表企业有 WiFi 万能钥匙、阿里巴巴淘工厂、沈阳机床 i5 智能化数控系统。

共享经济平台解决生产的供需方信息不对称的问题，以设备、产品等闲置生产能力的共享实现协作生产，生产能力的整合不仅降低了使用成本，还提高了资源利用率，是对社会资源的节约。

典型案例：WiFi 万能钥

以 WiFi 万能钥匙为例，热点主人通过分享 WiFi 网络，让周边的用户免费接入，从而满足更广大用户的上网需求。而且，WiFi 万能钥匙能够基于联网热点对用户场景进行判断，并进行精准化推送，实现线上、线下闭环服务。

凭借 WiFi 分享的创新理念，WiFi 万能钥匙已经拥有全球 7 亿用户，月活跃用户 4.6 亿，日成功连接次数超过 40 亿次。同时，WiFi 万能钥匙在海外斩获巨大成果。自 2015 年 8 月正式开始海外运营以来，仅仅半年多时间，WiFi 万能钥匙海外用户量已经突破 5000 万，日活跃用户量达到 2000 万，日活跃用户比例高达 40%。同时，WiFi 万能钥匙已经在巴西、俄罗斯、墨西哥、印尼、越南、马来西亚、泰国、埃及等近 50 个国家和地区的 Google Play 工具榜上排名第一，用户遍及 223 个国家和地区，成为少数能覆盖全球用户的中国移动互联网应用之一，成为备受瞩目的"独角兽"企业。

4．生活服务

生活服务是依托互联网平台整合线下餐饮、家政、美容美体、社区配送等生活服务机构及个人闲置时间、技能等闲置资源，以满足人们生活服务需求的一类经济活动。

代表企业有：58 到家，功夫熊，爱大厨，河狸家，挂号网，达达物流，人人快递。

国内生活服务领域的分享型企业主要集中在餐饮、美容、家政服务、在线医疗、物流配送。以家政为例，过去几年涌现出了阿姨来了、e 家洁、云家政、阿姨帮等分享型企业。同时，58 到家、美团、大众点评等大型平台企业也开始通过自营或者与第三方合作的方式进军这一领域。这些代表型的企业仍旧以互联网为平台，将劳务与市场进行对接，尽可能地避免了服务找不到用户、用户找不到人的尴尬，而高频刚性的需求也为该领域的分享带来了巨大的市场空间。

典型案例：58 到家

58 到家是 58 同城投资打造的生活服务平台，将家政人员纳入到自己的平台，打造闭环式服务，家政也是其最早切入的业务。同样，58 到家将"闲置"的家政服务资源以平台呈现的形式"推送"到需求方面前。在 2015 年 10 月获得 3 亿美元 A 轮融资后，58 到家的业务已有了进一步的拓展，并通过收购方式加深向美容业务的挖掘

5．知识技能

知识技能共享把个人或机构分散、盈余的智力资源在互联网平台上集中起来，通过免费或付费的形式分享给特定个人或机构。

代表企业有：猪八戒，在行，K68，时间财富。

知识技能分享的业务范围正在从线上、线下的中低端应用逐步向知识技术转移、全产业链服务等高端应用领域加快延伸。

典型案例：猪八戒网

在创意设计领域，服务众包平台猪八戒网一家独大，注册威客数量超过 1300 万。猪八戒网旗下的虚拟产业园注册公司超过 300 家，已成功孵化入驻企业 1500 余家。2015 年 6 月

15 日，猪八戒网宣布获得 C 轮融资 26 亿人民币，估值超过 110 亿元。

五、共享经济的优势

去中介化的过程伴随着前端供给能力快速释放，为产品和服务的供给带来非标准化的可能性。在共享经济的平台下，供给端的创造力被激发，他们更倾向于提供非标准化的产品和服务，以形成个人产品独特的品牌。

共享经济平台的优势有以下几点：

1. 整合线下资源

以 Uber 为例，它将线下闲置车辆资源聚合到平台上，通过 LBS 定位技术、算法，将平台上需要用车的乘客和距离最近的司机进行匹配，从而达到对线下车辆资源整合的目的。

在全球除提供用车服务外，Uber 还开始尝试将线下其他有需求的零散资源整合。2015年 3 月，Uber 在杭州推出"一键叫船"服务，用户通过 Uber 的客户端，可以预约西湖的摇橹船。而在这之前，Uber 还在美国、印度、澳大利亚等地推出预约直升机的服务"Uber Chopper"，Uber 的专车首先会将乘客载到直升机机场，乘客搭乘直升机到达目的地后，Uber 专车会将乘客直接送至酒店，最终完成服务。除此之外，Uber 在中国曾经推出过一键呼叫舞狮队、胡同三轮车，甚至是一键呼叫创业公司 CEO 等个性化的活动。这个以用车功能搭建起来的平台，未来有可能将线下多种资源整合，成为线下零散服务在线上的重要出口，而 Uber 公司最大的想象力就在于此。

2. 降低成本，提升配置效率

共享经济的出现，降低了供给和需求两方的成本，大大提升了资源对接和配置的效率。这不仅体现在金钱成本上，还体现在时间成本上。

(1) 从供给方角度而言。

供应方不需受雇于某些组织或公司而直接向客户提供服务并收取费用。通常，个体服务者只需要向平台支付一定的佣金，而有些平台(例如 Airbnb)是向消费者收取佣金，个体服务者不需要支付任何费用，从而降低了成本。

共享经济平台上聚集了大量客源，服务/产品提供者只需要在共享经济平台上注册即可获得客源，省去寻找客源的时间成本。

所有者的闲置资产得到了有效利用，共享物品或服务可以令其闲置资产变现，从而为整个市场带来更多供给。只要共享价格高于共享需要付出的成本(例如资产的折旧)，对劳动者而言就能获得经济利益。

(2) 从需求方角度而言。

供应方成本的降低促成个人提供的共享服务价格往往低于企业所提供的服务价格。当使用共享服务的成本低于从市场上租用或购买该标的的成本时，需求方选择共享标的就可以相对获益。

以北京为例，非高峰时期 10 公里路程如果需要 40 分钟(其中 10 分钟低速或等待)的话，搭乘出租车需要 33.7 元，而使用滴滴快车或人民优步只需要 25 元，价格较出租车便宜 25%。酒店业同样如此，全球各大城市普通酒店价格普遍高于 Airbnb 价格，有的甚至达到 Airbnb

价格的两倍多。

3．提供非标准产品

Airbnb 以独特的民宿体验成为共享经济的重要平台之一，它并不致力于提供标准而廉价的酒店，而是通过 bed&breakfast 为顾客提供具有本地化、人情味丰富，或者独特的体验，如 Airbnb 在瑞士雪山上提供豪华套房，在旧金山提供搭建于树上的树屋。由于 Airbnb 是一个开放的共享经济平台，随着平台的壮大，Airbnb 的房屋出租者为了在众多供给方中脱颖而出，也在房屋的布置、装潢上更花费心思。他们为用户提供配备智能家居设备的房间、榻榻米屋、卡通主题屋等，或向用户介绍本地的独特娱乐、游玩体验。

(1) 提供独特：大多数商业机构追求标准化的服务，而个体服务者可以提供更为多元和个性的服务/商品，甚至追求提供独特、无可替代的体验。Airbnb 最基本的功能是帮助用户通过互联网预订有空余房间的住宅(民宿)，让 Airbnb 平台名声大噪的原因并非是其基本的预订功能，而是租客能在 Airbnb 的房屋中得到独特的住宿体验。

(2) 个性化民宿：房东(host)通常会根据自己的喜好、当地的特色将房间布置成个性化的风格。例如，在房间内配备智能体重秤、智能灯具等各种智能硬件设备的房间；修建在大树上的"树屋"；或者是在欧洲城堡里的花园洋房等。

(3) 本地体验：Airbnb 的房东希望帮助房客(guest)在旅行时以当地人的视角去体验。他们通常会为房客准备详细的入住指南，并在其中提供最本地化的旅游和餐饮建议。

(4) 情感社区：Airbnb 上构建的房东与房客关系并非简单的主客关系，而是以出租的房屋为空间，本地房东与外地房客之间的情感社区。房东与房客之间分享各自的生活状态、交流旅行经验，甚至房东会邀请房客参加他们组织的 party 等。

事实上，以 Uber 为代表的打车平台，满足的也是一种个性化的需求。平台根据用户所提交的目的地信息，将每个用户的个性化需求推送至司机端。在供给方和需求方个性化需求提出后，共享经济平台为他们提供了自由匹配的可能性：平台将所有乘客的用车信息推送到每个司机手机上，供司机选择合适的乘客。

4．树立个人品牌

在 Airbnb 等固定空间、服务使用时间相对较长的共享经济服务上，劳动和服务提供者不再是商业组织的雇员，他们可以通过提供服务树立起自我的品牌。商业组织中的雇员很难脱离组织形成自我的品牌，劳动者从属于公司，形成单一的雇佣关系，因此有了希尔顿、洲际等著名的酒店集团。而在共享经济下，个体劳动者的品牌价值被放大，消费者从传统对商业机构品牌的认可转向对提供服务人员个人价值和品牌的认可。例如，在 Airbnb 上提供优质独特住宿体验的房东会形成个人品牌，租客明确知道房屋的独特和舒适是由房东打造的，而并非由一个酒店集团或 Airbnb 平台提供。在果壳网所打造的知识共享平台"在行"上，平台对每一位共享知识的老师进行"包装"，包括雇佣专业的摄影师团队为其拍摄个人照片、撰写个人故事并进行传播等，从而形成个人的独特品牌。

共享经济平台所提供的机制凸显了个人的品牌、信誉。供给方不再使用商业组织的头衔而直接面向顾客提供劳动或服务，他们在庞大的商业组织中，被忽视的能力和才华可以通过共享经济平台得到进一步的发掘。而通过他们提供的优质、个性化的服务，更获得了比在商业组织内更大的成就感和知名度。

六、共享经济的悖论

不管你在某一平台上表现多好，你的声誉不会跟着你，就是说，即使你在 Airbnb 上被评价很高，但是你无法把这个信息带到 Uber 上，或者像 Amazon 和 eBay 这样的长期平台上。

很多人在不同平台上的声誉不一样，这种分裂化产生了一些明显的后果，比如那个 Airbnb 上强占别人房子的人就曾在 Kickstarter 上诈骗了 4 万美元。如果这些平台分享数据的话，就可以防止这类事情的发生。

这种平台间的分裂性，对于优质的商家就意味着他们会被"锁在"某一个平台里。比方说，一个 eBay 或 Amazon 上的五星卖家，他想在 Etsy 上开店的话，就得重新在 Etsy 上建立自己的信誉。

这种平台间的分裂性也有损消费者的利益，限制了他们的选择范围。缺乏数据共享也会损害这些平台本身，限制了整个共享经济的发展潜力。

讽刺的是，共享经济正面对一个经济学家称为"协调失灵"的困境。很多公司不想开放自己的数据库，是因为在短期内锁住自己的用户有利可图。这些公司认为共享经济是赢者通吃，他们自己想占据顶端的位置。但是，如果用一种明智的方式合作并且开放数据库，大家都能获得更多的价值。

不管媒体怎么吹捧，真相是共享经济的规模相对而言还是很小，即使像 Uber 和 Airbnb 这样的行业巨人也意识到，参与到共享经济中的总人数还是很少。最新一份研究显示，就算在纽约和旧金山这样的城市，能有 25% 的人参与就算封顶了。所以，尽管共享经济大肆吹捧，共享经济里的行业巨头还是有很多成长空间。

第五节 "互联网+"创新

"互联网+"正在渗透进人们的生活当中，从最初的以共享信息，逐步向消费领域、生产领域渗透，不仅改变了人们的生活，还在改变着社会的生产模式。麦肯锡 2015 年数据显示，中国互联网经济规模占全球互联网经济总规模的 5.7%，在全球市值前十大互联网企业中占据 4 席，网民规模高达 6.49 亿，移动电话用户总数居全球第一。艾瑞咨询发布的《2017 年中国网络经济报告》显示：2016 年网民和移动网民分别达到了 7.3 亿人和 7.0 亿人。中国网络经济营收规模达到 14707 亿元，同比增长 28.5%。中国网络经济已经具备加快推进"互联网+"发展的坚实基础。

面对诸多新兴互联网业态，大众创新创业正迎来前所未有的机遇。李克强总理曾指出：互联网是大众创业、万众创新的新工具。只要"一机在手""人在线上"，实现"电脑+人脑"的融合，就可以通过"创客""众筹""众包"等方式获取大量知识信息，对接众多创业投资，引爆无限创意创造。

一、创客遍地，谁才是独角兽

2012 年 11 月之前，"创客"这个词条在百度搜索指数仍为单个数，短短一年间，"创客"的搜索量达到 800 次/天，共达 240 000 万次，与"创客"相关的新闻约 5 270 000 篇。

创客力量在中国发酵并不意外，从四大发明到工匠大师鲁班，中国一直存在创客。而 2013 年 9 月 23 日"联想创客大赛"的启动，更是定义了当代中国创客的"新元年"。

作为中国首个利用移动互联网践行创新理念的全民活动，联想创客大赛吸引了 5 万余名创客参赛，征集作品近 10 万件，官网访问量近 800 万，互动参与量近 230 万，成为了中国规模最大、提交作品最多、参与人数最多的创意征集盛事。

该项比赛聚焦"智能电子产品、智慧家居用品、数码视觉设计、创新服饰设计"四大领域，面向全民征集并选拔创新想法与作品，旨在寻找民间的优秀创客，而此次创客大赛的另一大创新之处在于，联想携手淘宝共同打造了众筹平台，为优秀作品提供完整的商业孵化支持。在平台上线仅一周的时间里，首批众筹的 10 件作品已募集资金近 5 万元，其中 2 件作品孵化成功并远超目标，吸引了超过 76 万名用户的参与和支持。

尽管比赛的结果和引起的社会关注都令人欣喜，但我们更需要进行中肯的梳理和总结，因为创客力量将会深深影响到行业创新和互联网创新。

总的来说，有以下几个不足之处：

不足一：作品技术含量和实用性都有欠缺。

纵观所有参赛作品，包括入围 44 强的作品，很多从外表看起来酷炫有型，但是仔细了解后会发现空有其表，华而不实，而具有十足科技感、技术含量高的作品太少了。比如有的作品是由纸制作而成，令人不禁想问：淋雨打湿怎么办？。

不足二：赛后作品孵化是难点。

联想方面声称：具有商业价值的 1、2 件作品将获得产品孵化的机会，并最终实现在联想销售渠道或其他合作平台上售卖。来自李锋和池快的联想手机共鸣音箱与姜斐祚的鸦鸦 3D 打印笔最终获得了最具商业价值奖，获得了孵化的机会，但即使孵化出来也不是什么划时代的产品，比如 3D 打印笔，只能算是 3D 打印机的缩小版，并不能算是真正意义上的创新，更何况这些作品的实用性不是很高，孵化后的销售变现很难。所以创客虽然多，创新作品也不少，但真正具有孵化价值的还需要细细筛选。

不足三：没有形成完善的创客空间。

2005 年，美国诞生了第一个创客空间。它像俱乐部一样，很多有创意的人到这里来寻找伙伴，寻求灵感，这时候创客空间就扮演了一个很好的脑力激荡的地方。如果说你要成立一个团队来创业的话，你当然需要四种角色：软件人才、硬件人才、设计人才、销售人才。在创客空间之后，还出现了 Techspace、Techshop，这种开放的制造空间也是以俱乐部的形式出现，里面有各种设备。如果你有一个产品创意，拿自己的材料去那里就可以做出来，而这样的创客空间，在国内几乎没有。

不足四：缺乏完善的创意孵化机制。

有了创意和创造之后，开始进入制造阶段。过去，创客碰到最大的问题就是制造。我只要做 100 个产品或 1000 个产品，代工厂一定会说"你回去吧"。

服务创客必须要有能够接受少量、多样订单的服务业存在，叫做服务业而不是制造业，是因为所需的量很少。现在深圳有 Seeed Studio，它是 2008 年成立的，是专门为创客做小批量生产的公司，国外还有 Sparkfun、EdaFruit 等。

创客产品虽然刚开始量很少，但他们是未来的希望。现在量大的产品，哪一个不是从小批量开始的？美国有很多服务创客的机构，有产品推广的公司、专门针对服务创客的产品公司、专门进行网络销售的公司，也有专门处理创客小量后台订单的企业，可以说整个生态系统已经存在了。而要建立这样的孵化机制，形成完善的创客生态系统，中国还要走很长的一段路。

总之，对于企业来说，其实并不缺少创客人才，只是缺少发现的眼睛和创新执行力；对于创客来说，梦想与现实之间，隔着资源、技术、产品、市场，解决了这些，才有机会让创意落地；而对于中国来说，创客生态体系的完善，将推动新工业革命的步伐。

二、打破防御，破茧成蝶

2015 年初起，中国互联网迎来了一个前所未有的并购高潮，产生了诸如滴滴与快的、滴滴与优步中国、58 同城与赶集网、美团与大众点评网、携程与去哪儿等若干起并购案。回想从 2014 年到 2015 年资本的疯狂涌入，各平台烧钱圈地和竞争对手的互吃，再到 2015 年的回冷，中国互联网通过并购实现了资源的重组和自我的修复，产生了介于估值 30 亿美元以下的小公司和 BAT 巨头之间的商业力量，这是市场竞争和资本规律作用下的必然结果。

《财经》记者写到：有一只看不见的手在推动着这些独角兽们去合并，不管目标公司之间有着怎样的恩怨、竞争，不管两家公司创始人有着怎样的个性、野心和欲望，因为那只看不见的手比上述所有因素都要强大。

对于站在各并购企业背后的大佬——BAT 来说，在此次并购高潮中并没有起到绝对的掌控作用，他们一直以来的"战略投资者"的角色已经或多或少被弱化了。

正如一位阿里巴巴集团战略投资部的人士告诉《财经》记者，2013 年他们为快的投出第一笔 1000 万美元时，怎么也不会想到，他们最终会和自己最大的敌人坐在同一张董事会的桌子前。

对于腾讯和百度，在 2013 年 4 月和 2015 年 10 月分别对滴滴和优步中国投资时，同样也没有想过这一天的到来。

这也难怪，在过去很长一段时间内，中国互联网的战争都只有 BAT 三个主角。但现在，BAT 的统治力正在变弱，它们或主动或被迫降低某些领域的渗透率和利润率，更多开始扮演资源整合者的角色。

腾讯是最早认清并接受了这个现实的。在 2014 腾讯全球合作伙伴大会召开之前，腾讯公司公布了一封由腾讯公司董事局主席兼 CEO 马化腾致业界合作伙伴的公开信。马化腾谈到腾讯自 2011 年开放这三年所获得的心得与经验，他认为互联网将更多连接用户的需求，微信、QQ 都是在做连接器，在人、设备、服务之间形成智能的连接。腾讯做的是最低层，往上要让传统行业自己去搭建应用，这个是腾讯做不了的，各行各业需要通力合作，才能发挥移动互联网的最大威力，腾讯的使命仍然是成为互联网连接器，连接一切。

打破防御这件事儿也许不是巨头们期待的，或许只是资本市场竞争的无奈之举，但巨头们强大的资源整合能力，还是能使中国互联网的发展更进一步的。

而对于已经完成合并的新巨头们，接下来的日子也并不轻松。他们面临的是如何从创业型公司成功过渡到新的角色。在这期间，要不断完善合并后的资源配置，尤其是人力资源配置问题，同时还有文化、管理、运营等方面的问题需要解决，只有妥善处理了这些后续的问题，才能真正地"破茧成蝶"。

三、千万别低估你的用户——网红经济 3.0 时代

"我是 Papi 酱，一个集美貌与才华于一身的女子。"(图 3-18)2016 年，这句 Slogan 席卷了整个互联网。

图 3-18   Papi 酱博客

不到一年时间，这个靠拍摄短视频起家的女子已经成为一个微博粉丝超过 1700 万、个人估值约 1.2 亿人民币的网红代表。而对于行业来说，芙蓉姐姐和凤姐作为搏出位、审丑文化的代名词是第一代网红；而"淘女郎"作为"颜值经济"下的产物属于第二代网红；受过高等教育、有智慧有品位的 Papi 酱则代表了网红的全新类型，她靠稳准狠地幽默吐槽，开启了网红价值观输出、内容变现的时代，她的爆红标志着网红经济 3.0 时代的来临。

2016 年，"网红"一词彻底爆红。不管你期待也好反感也罢，网红以一往无前的气势走上了产业化之路，当你还在谈论 TA 是低俗还是高雅，无聊还是有趣的时候，她/他已经开始谈论创业、BP、融资、商业合作。

据 CBNData 发布的《2016 中国电商红人大数据报告》显示，2016 年红人产业产值超过 580 亿元，超过了 2015 年电影产业 440 亿的总票房。毫无疑问，网红经济的本质是注意力变现。而广告、电商和直播是网红变现的主要渠道，这三个渠道并不是相互独立的，而是互相穿插。

先说说广告渠道。作为最传统的变现方式，广告虽然在网红变现金额中所占比例很小，但却是很多网红都会选择的方式之一。

再说电商渠道。这就不得不说张沫凡，这个 90 后的妹子在微博上坦白自己整容、遭遇

渣男的经历，分享穿搭心得和生活日常，以足够"接地气"的风格快速聚集了众多年轻女粉丝。截至目前，她微博平台的粉丝数超 600 万，关注人数近 700 万。而张沫凡的变现途径就是她的淘宝店铺，主要销售护肤和美妆商品，其店铺产品并非国际大牌，但从定价来说并不低，像所有电商网红一样，她在赚得盆满钵满的同时，也面临着被吐槽产品效果差、安全性不够等问题。

最后是目前最火的直播渠道。作为网红经济 3.0 的绝对代表，直播的出现意味着注意力直接变现热潮的全面爆发。公开数据显示，大型直播平台的高峰时间，约有 3000～4000 个直播"房间"同时在线，用户数可达 200～300 万人次，这为"直播+广告"、"直播+电商"等变现途径提供了强大的流量。

随着网红市场竞争的不断升级，单打独斗越来越难在竞争激烈的市场中胜出，逐渐发展出比较完整的"网红产业链"。网红们开始签约公司实现"团队作战"，这种公司类似于网红的"星工厂"，他们会选择签约有一定知名度的网红，或者培养自己看中的新人，然后对网红进行全方位的包装，使得网红在社交媒体平台上聚集人气，之后网红便主要负责维持自身形象和粉丝互动，并收集粉丝的需求反馈给经纪公司，公司负责提供中间服务。

在网红经济崛起的同时，内容管理政策也随之升级，政策成了悬在网红经济头上的钢丝绳。近年来，针对网络文化的管理政策愈发细致，管控内容也从整治节目内容覆盖到了规范内容平台。

2016 年 3 月，国家新闻出版广电总局网络视听节目管理司司长罗建辉在一场主题报告中提出，网络剧审查将会实行线上线下统一标准，24 小时不间断监看，对网络剧制作机构也有进一步的管理要求。

2016 年 4 月 14 日，斗鱼、虎牙直播、YY、战旗 TV、龙珠直播、六间房、9158、熊猫 TV 等网络直播平台因涉嫌提供含宣扬淫秽、暴力、教唆犯罪等内容的互联网文化产品，被列入文化部查处名单。

2016 年 4 月 18 日，网络直播所有主播开启实名认证，涉政、涉枪、涉毒、涉暴、涉黄内容的主播，情节严重的将列入黑名单。

这些政策传递出了强烈的舆论引导信号：那些旨在吸引眼球的低俗内容，将很难再被允许。

此前，活跃在互联网上的大批网红都是以"无节操"甚至是"擦边球"来博得眼球，以至于连 papi 酱这样的"内容创业"者，都不免会误触红线。

在遭遇"整改"风波之后，papi 酱 CEO 杨铭曾向《新京报》记者独家回应称：一定坚决响应网络视频整改要求，努力传递主流价值观，做一个最正能量的 papi 酱。

乐观地看，政策内容的红线或许正是下个时代到来的契机。

此前，美国网红经济专家张晨辰在比较中美网红时曾说，美国网红对"优质内容"的利用会更深。美国网红更看重在 Youtube 上创造内容，使商业模式不仅是广告或电商，其内容都是有价值的，而现在国内网红们的优质内容远远不够。刘超认为：粉丝经济里会区分网红和明星，网红往往为了博得眼球会用一些激进的手法，但是明星会全力不断去推出高品质的内容。

还有一个质疑是，网红和网红经济是否被过度吹捧了？

徐小平在"寻找中国创客"现场发言说：网红是不经任何权威授权的权威，完全是市场自发的、民众拥戴的品牌。很多悲观主义者正是忽略了这一点:网红生于互联网。这也意味着,网红和网红经济会随着互联网的进化而升级。徐小平笑言"papi 酱是这个时代最伟大的网红,就像轻松版的鲁迅"。

其实,网红经济的出现基于分享经济,网红大热的原因是社群文化,粉丝将自己对内容的认同投射到主播身上,并通过与主播和其他粉丝的互动获得社群归属感,毕竟在这个浮躁的、快节奏的社会中,寂寞是多么容易被消费啊,那些能让人开心一笑的搞笑段子,那些能让人畅快淋漓的吐槽快感,那些能指点迷津的各式鸡汤是多么令人着迷啊。总会有这样那样的网红会让你心甘情愿的关注,而只要有人关注,网红经济就不会消亡。

四、下一个风口在哪里?

下一个风口在哪里?其实可以期待一下实体店铺的合理回归。从古至今,从国内到国外,繁华的都市和兴隆的商铺一直都是国家繁荣昌盛的标志。商铺旺则城市兴,城市兴则国家盛!

据统计,目前中国实体店铺多达 4000 多万家,并且这个数据每天仍在不断增大。尽管电商体系无孔不入,但我们依然不能否认实体店铺在日常生活中的重要性。但是这么庞大的市场其业绩却乏善可陈。究其原因,还是落后的商业观念与陈旧的经营模式。

2016 年 10 月 13 日,马云在阿里云大会上提出"新零售"的概念,其实就是本书前文中提到的"互联网+零售"。他指出未来的 10 年、20 年没有电子商务一说,只有新零售这一说。也就是说,线上、线下和物流必须结合在一起,才能诞生真正的新零售。线下的企业必须走到线上去,线上的企业必须走到线下来,线上、线下加上现代的物流合在一起,才能真正创造出新的零售。作为物流公司的本质不仅仅是要做到谁比谁做得更快,而是真正去消灭库存,让库存管理得更好,让企业的库存降到零。

马云这个概念的提出,又让整个互联网界热闹起来。因为这意味着实体店铺和传统企业将成为未来二三十年的主角,而要实现这样的"新零售",必然要经历互联网公司、现代物流以及大数据的深度融合,落点在以实体店铺为中心的服务上。

其实在线下,尤其在电商无比狂热的中国市场,很多实体店已经在探索这样的模式,比如宜家、迪卡侬。

很多到过宜家的人都喜欢宜家。在宜家,顾客可以随意挑选、随意体验、随便拍照;累了可以坐在沙发上,困了就躺在床上,没人撵你,没人说你;孩子有孩子的乐园,拍拖有免费的咖啡和奶茶,所有的细节和服务都在告诉你"这里是你的家",如图 3-19 所示。

图 3-19　宜家沉浸式购物

而迪卡侬就是运动品牌的"宜家",他们对抗电商的核心法宝同样是体验经济。迪卡侬让顾客如鱼得水,导购只有你招呼时才会出现,试5件衣服一件不买也没人给你脸色。不只是孩子,迪卡侬鼓励所有人来试试他们的产品,包括轮滑、自行车和健身器械。轮滑区中央的大块空地作为试滑区,四周立着栏杆方便初学者,除了轮滑鞋,头盔和全套护具都可以穿戴上身。由此带来的损耗率让传统卖场肉疼,但迪卡侬认为这也是生意的一部分。迪卡侬用独特的设计、压缩供应链成本和体验式卖场对抗电商。除了体验区,迪卡侬商场外都有篮球场、羽毛球场和五人足球场,周末经常举办比赛和各种活动,还有专业教练指导。大批实体店被电商挤得生意大跌甚至关门大吉时,迪卡侬却从来不缺顾客,结账经常排队超过10分钟。

不仅如此,在电商兴起以后,宜家和迪卡侬自身并不抗拒电商,并且开始借助电商平台两条腿走路,而电商的增长并未影响它们线下的扩张,未来也仍旧把实体店作为重点。

与此同时,线上的品牌也纷纷布局线下市场,开启各种类型的体验店。其实作为消费者来说,实体店对产品的感觉和感受是电商无法做到的,它能够直接展示实际效果,能提供专业人员制定服务项目并落地执行,这一系列活动,都是消费者乐于参与的过程,也是实体店相较电商的明显优势。另外,随着电商业务的全面铺开,消费者势必会出现怀旧情结,例如网络下载的歌曲远远无法企及老唱片的音质。这种触感是真实的、可见的、可信的,越来越理性、消费观念越来越趋向于品质和情感的消费者,就会更倾向于亲自选择自己所需的产品和服务。届时实体店铺的回归和崛起、线上线下的深度融合,将会真正实现"电商场景化"的构想,也必将给我们带来更有魅力的消费体验。

思 考 题

1. 什么是 O2O 模式?

2. P2P、O2O、B2C、B2B、C2C、P2C 都代表什么?

3. 什么是众包?假如由你来统编一本教材,教材大致由 8 个章节组成,你如何通过众包的形式来组织编写。

4. 简述金融机构的功能和服务。

5. 什么是互联网金融?互联网金融的类型有哪些?

6. 互联网金融的常见模式有哪些,适用哪些场景?

7. 什么是共享经济?结合共享经济的优势和悖论来谈一谈你对共享经济的看法?

8. 2016 年 10 月 13 日,马云在阿里云大会上提出"新零售"的概念,你是怎么理解这个概念的?

9. 江西赣州著名农产品脐橙丰收了,但是农民的产品无法进行有效销售,有些低价兜售,有些烂在了地头,农民没有得到丰收的喜悦,却整天为产品销路发愁。请结合你的所学知识,利用"互联网+农业"的思维,提出几条建议。

10. 请设想下未来较为完善的 O2O 应该具备怎样的信息基础和上层建筑？

11. "互联网+制造业"也就是"物联网"会给我们的生活带来怎样的改变？

12. 实体店铺回归后，将呈现怎样的面貌？与传统实体店铺有怎样的区别？

13. 对于网红的"机构化"和"产业化"你怎么看？

第四章 "互联网+"的安全与道德

"互联网让世界变成了'鸡犬之声相闻'的地球村，相隔万里的人们不再'老死不相往来'。"习近平主席在世界第二届互联网大会上，生动地诠释出互联网发展对人类生产、生活产生的深远影响。

"互联网+"不仅给我们带来了一个全新的生活体验，而且融入我们学习、工作、生活的各个方面。我们在享受"互联网+"带来各种便利的同时，也要提高自己的安全防护意识，保护好自己的信息和财产安全。与此同时也要维持网络言论的基本原则和界线，用理性的思维、冷静的头脑、自主的认知去思考、去判断、去行动，用良心和责任来考量度衡自己的每一个字、每一句话、每一件事，不滥用网络表达自由权，不践踏网络身份的尊严，在法律的框架内，在道德的指引下，共同努力营造一个具有高度公信力、正义感和社会公平性的网络空间，建立起以"真、善、美"为核心价值的网络文化体系。

本章重点掌握"互联网+"网络安全的基本技术，并能够防范、识别和规避基本的网络陷阱。

第一节 "互联网+"网络安全

因特网的迅速发展给社会和人们生活带来了前所未有的便利，这主要是得益于因特网络的开放性和匿名性特征。然而，正是这些特征也决定了因特网不可避免地存在着信息安全隐患。本节介绍网络安全方面存在的问题及其解决办法，即网络通信中的数据保密技术和签名与认证技术，以及有关网络安全威胁的理论和解决方案。

一、网络安全威胁的类型

网络威胁是对网络安全缺陷的潜在利用，这些缺陷可能导致非授权访问、信息泄露、资源耗尽、资源被盗或者被破坏等。网络安全所面临的威胁可以来自很多方面，并且随着时间的变化而变化。网络安全威胁的种类有以下几类：

(1) 窃听。在广播式网络系统中，每个节点都可以读取网上传输的数据，如搭线窃听、安装通信监视器和读取网上的信息等。网络体系结构允许监视器接收网上传输的所有数据帧而不考虑帧的传输目标地址，这种特性使得偷听网上的数据或非授权访问很容易而且不易发现。

(2) 假冒。当一个实体假扮成另一个实体进行网络活动时就发生了假冒。

(3) 重放。重复一份报文或报文的一部分，以便产生一个被授权效果。

(4) 流量分析。通过对网上信息流的观察和分析推断出网上传输的有用信息，例如有无传输、传输的数量、方向和频率等。由于报头信息不能加密，所以即使对数据进行了加密处理，也可以进行有效的流量分析。

(5) 数据完整性破坏。有意或无意地修改或破坏信息系统，或者在非授权和不能监测的方式下对数据进行修改。

(6) 拒绝服务。当一个授权实体不能获得应有的对网络资源的访问或紧急操作被延迟时，就发生了拒绝服务。

(7) 资源的非授权使用。即与所定义的安全策略不一致的使用。

(8) 陷门和特洛伊木马。通过替换系统合法程序，或者在合法程序里插入恶意代码，以实现非授权进程，从而达到某种特定的目的。

(9) 病毒。随着人们对计算机系统和网络依赖程度的增加，计算机病毒已经对其构成了严重威胁。

(10) 诽谤。利用计算机信息系统的广泛互连性和匿名性，散布错误的消息以达到诋毁某个对象的形象和名誉的目的。

二、安全漏洞与网络攻击

通常入侵者寻找网络存在的安全弱点，从缺口处无声无息地进入网络。因而开发黑客反击武器的思想是找出现行网络中的安全弱点，演示、测试这些安全漏洞，然后指出应如何堵住安全漏洞。当前，信息系统的安全性非常脆弱，操作系统、计算机网络和数据库管理系统都存在安全隐患，这些安全隐患表现在以下几个方面：

(1) 物理安全性。凡是能够让非授权机器物理接入的地方，都会存在潜在的安全问题，也就是能让接入用户做本不允许做的事情。

(2) 软件安全漏洞。"特权"软件中带有恶意的程序代码，从而可以导致其获得额外的权限。

(3) 不兼容使用安全漏洞。当系统管理员把软件和硬件捆绑在一起时，从安全的角度来看，可认为系统将有可能产生严重安全隐患。所谓的不兼容性问题，即把两个毫无关系但有用的事物连接在一起，从而导致了安全漏洞。一旦系统建立和运行，这种问题很难被发现。

(4) 选择合适的安全哲理。这是一种对安全概念的理解和直觉。完美的软件、受保护的硬件和兼容部件并不能保证正常而有效地工作，除非用户选择了适当的安全策略和打开了能增加其系统安全的部件。

攻击是指任何的非授权行为。攻击的范围从简单的使服务器无法提供正常的服务到完全破坏、控制服务器。在网络上成功实施的攻击级别依赖于用户采取的安全措施。

攻击的法律定义是"攻击仅仅发生在入侵行为完全完成而且入侵者已经在目标网络内"。但专家的观点则认为"可能使一个网络受到破坏的所有行为都被认定为攻击"。

网络攻击可以分为以下几类：

(1) 被动攻击：攻击者通过监视所有信息流以获得某些秘密。这种攻击可以是基于网络(跟踪通信链路)或基于系统(用秘密抓取数据的特洛伊木马代替系统部件)的。被动攻击是最难被检测到的，故对付这种攻击的重点是预防，主要手段如数据加密等。

(2) 主动攻击：攻击者试图突破网络的安全防线。这种攻击涉及到数据流的修改或创建错误流，主要攻击形式有假冒、重放、欺骗、消息篡改和拒绝服务等。主动攻击无法预防但却易于检测，故对付的重点是测而不是防，主要手段如防火墙、入侵检测技术等。

(3) 物理临近攻击：未授权者可物理上接近网络、系统或设备，目的是修改、收集或拒绝访问信息。

(4) 内部人员攻击：攻击由内部人员实施，他们要么被授权在信息安全处理系统的物理范围内，要么对信息安全处理系统具有直接访问权，有恶意的和非恶意的(不小心或无知的用户)两种。

(5) 分发攻击：指在软件和硬件开发出来之后和安装之前这段时间，或当它从一个地方传到另一个地方时，攻击者恶意修改软、硬件。

三、基本安全技术

因特网安全话题分散而复杂，其不安全因素一方面来自于内在的特性——先天不足，因特网连接着成千上万的区域网络和商业服务供应商的网络。网络规模越大，通信链路越长，则网络的脆弱性和安全问题也随之增加，而且因特网在设计之初是以提供广泛的互连、互操作、信息资源共享为目的的，因此其侧重点并非在安全上，这在当初把因特网作为科学研究用途时是可行的，但是在当今电子商务炙手可热之时，网络安全问题已经成为了一种阻碍；另一方面是缺乏系统的安全标准，众所周知，因特网工程任务组(IETF)负责开发和发布因特网使用标准，而不是遵循 IETF 的标准化进程，这使得 IETF 的地位变得越来越模糊不清。

任何形式的网络服务都会导致安全方面的风险，问题是如何将风险降低到最低程度。目前的网络安全措施有数据加密、数字签名、身份认证、防火墙和入侵检测等。

(1) 数据加密。加密是通过对信息的重新组合，使得只有收发双方才能解码并还原信息的一种手段。随着相关技术的发展，加密正逐步被集成到系统和网络中。硬件方面已经在研制用于 PC 和服务器主板的加密协处理器。

(2) 数字签名。数字签名可以用来证明消息确实是由发送者签发的，而且，当数字签名用于存储的数据或程序时，可以用来验证数据或程序的完整性。

(3) 身份认证。有多种方法来认证一个用户的合法性，如密码技术、利用人体生理特征(如指纹)识别、智能 IC 卡和 USB 盘等。

(4) 防火墙。位于两个网络之间的屏障，一边是内部网络(可信赖的网络)，另一边是外部网络(不可信赖的网络)。按照系统管理员预先定义好的规则控制数据包的进出。

(5) 入侵检测。检测工具通常是一个网络安全性评估分析软件，其功能是扫描分析网络系统，检查报告系统的弱点和漏洞，建议补救措施和安全策略，达到增强网络安全的目的。通过入侵检测能够实现实时安全监控，达到快速响应，同时具备很好的安全取证措施。

网络安全还有漏洞扫描、安全审计、病毒防护、VPN 等防护措施。

四、个人信息与财产安全

(一) 个人信息安全

随着计算机科技的飞速发展，我们的生活已经离不开信息网络，网络给人们带来了机遇与挑战，同时新引进的科技和软件、网络黑客的恶意攻击或是电脑病毒同样给人们带来了安全隐患，有些重要的个人信息或是商业机密不小心就会被人盗取进而非法利用，所以，保护信息安全尤为重要。

(1) 养成良好的上网习惯——绿色上网。不去浏览不认识、不知情的网站，更不要去下载里面的东西，这类网站很有可能内置有木马病毒进而盗取你的个人信息，或许你对自己的杀毒软件有足够的信心，但是难免会有漏网之鱼，所以，访问的网站最好是熟知的、公认的、带有官方认证的。

(2) 严防钓鱼软件。在网站上下载软件需慎重，有的软件看似是一个很正经体面的软件，实则会套取用户的个人信息。比如需要输入你的个人信息，包括电话号码、身份证号、银行卡号、信用卡号这种重要信息的，你就要当心了。

(3) 不要随意透露你的个人信息。有的人上网，稍不注意就自己泄露了自己的个人信息，比如弹出个网页说你中奖了，需要填写银行卡号领奖，有的人不加考虑就填了上去，上当受骗。所以，上网的时候，一定要先弄清楚需要填写的信息是否涉及到你的信息安全，需小心谨慎。

(4) 本地加密。如果重要的信息要存到电脑，最好进行磁盘或者文件加密。电脑泄密的案例比比皆是，黑客入侵、电脑中毒、维修安全、电脑遗失等，个人信息安全得不到保障，加密可以多一层保护。

(5) 安装个人防火墙以及及时更新安装系统补丁。安装防火墙以提升个人电脑安全级别，及时的检测未知情况提醒用户，更新补丁以修补系统漏洞，防止不法分子乘虚而入，盗取信息。

(6) 定期查杀病毒和即使更新病毒库。保护电脑信息安全，防毒很重要，时下流行的木马病毒专门盗取用户信息，做好病毒库的更新可以及时武装你的病毒库，能够扫描到最全面的病毒危害。

(7) 把信息存到安全的地方。涉及安全的信息不要放到网上，不要放到邮箱里面，这些地方都可能导致信息泄露，一般是放到电脑硬盘，但要做好加密工作，最好的做法就是保存到随身 U 盘和移动硬盘里面，需要用的时候再从里面拿出来。

(8) 做好数据备份。数据备份相当重要，涉及安全且重要的信息可以多个备份，这样遗失了也有备份的，或者稍加处理将一份文件分几个小文件，分别存到不同的地方，这样即使被盗去一部分也不会造成损失。

(9) 浏览痕迹也可以用来推导个人隐私，所以浏览器收集的 Cookie 信息和历史记录应该经常清除。对于各种网站或软件要求保存个人信息的协议都应该认真对待，零碎的信息也是可以出卖一个人的。

(10) 不要轻易使用安全性不强的公共网络和网吧的网络。审慎对待个人信息，不要轻易将重要的私人信息存入网络。网络的开放性可能导致你的信息流向任何人手中，危害性不言而喻。另外也不要在任何社交网站博客留下可供反相搜索的信息，信息量越小被人肉的可能性越小。

在使用网络的同时，学习并了解网络信息的传播原理，提高保护自身的网络信息的综合能力。

(二) 个人财产安全

现在互联网和移动支付业务增长速度飞快。根据 Analysys 易观发布的《中国第三方支付移动支付市场季度监测报告 2017 年第一季度》数据显示，2017 年第一季度市场交易规模达到 18.8 万亿元人民币，环比增长 46.78%。互联网和移动支付已经渗透到生活的各个方面，特别是移动支付，保持着高速的增长。超市、商场、便利店都可以"刷手机"，坐地铁、公交车也可以刷手机，手机还可以在网上转账汇款、发红包等。

网络支付与移动支付在给我们的工作、生活带来方便的同时，也隐藏着风险，我们要了解一些常见的风险，识别风险、防范风险，保护我们的财产安全。

1. 网络钓鱼

网络钓鱼是指不法分子通过大量发送声称来自银行或其他知名机构的欺骗性垃圾邮件或短信、即时通信信息等，引诱收信人给出敏感信息(如用户名、口令、账号 ID 或信用卡详细信息)，然后利用这些信息假冒受害者进行欺诈性金融交易，从而获得经济利益。受害者经常遭受重大经济损失或个人信息被窃取并被用于犯罪。

2. 木马病毒

特洛伊木马是一种基于远程控制的黑客工具，它通常会伪装成程序包、压缩文件、图片、视频等形式，通过网页、邮件等渠道引诱用户下载安装。如果用户打开了此类木马程序，用户的电脑或手机等电子设备便会被编写木马程序的不法分子所控制，从而造成信息文件被修改或窃取、电子账户资金被盗用等危害。

3. 社交陷阱

社交陷阱是指有些不法分子利用社会工程学手段获取持卡人个人信息，并通过一些重要信息盗用持卡人账户资金的网络诈骗方式。例如，不要轻信信用卡中心打来的"以提升信用卡额度"为由的诈骗电话。

4. 伪基站

伪基站一般由主机和笔记本电脑组成，不法分子通过伪基站能搜取设备周围一定范围内的手机卡信息，并通过伪装成运营商的基站，冒充任意的手机号码强行向用户手机发送诈骗、广告推销等短信息。

5. 信息泄露

目前某些中小网站的安全防护能力较弱，容易遭到黑客攻击，不少注册用户的用户名和密码便因此泄露，而如果用户的支付账户设置了相同的用户名和密码，则极易发生盗用。

案例分析

何某某因吸毒需要大量钱财，就在网络上以 2 元钱一个的价格向别人购买了上百个有效支付宝账号和密码，偷偷进入到别人的支付宝账户。当进入到一家苏州的公司账户时，何某某发现里面的钱款正不断进出。于是，他就使用自己和亲友的身份证号、银行卡号，以及另一个假身份信息，注册了多个支付宝账户，在十天时间里转走了32万元。

"撞库"和"扫号"都是计算机业界黑客手段的专用术语。跟它相关的还有"拖库"。简单来说，就是黑客用技术手段入侵一些安全防范不是很高的中小网站，取得大量的用户注册名和密码数据，这就是"拖库"。然后，再把这些用户名及密码跟网络银行、支付宝、淘宝等有价值的网站进行匹配登录，这就是"撞库"。实际操作中，黑客往往是通过专门的"扫号"软件，批量验证账号密码是否有价值。在现实生活中，很多用户在登录不同网站时为了图方便好记，往往喜欢用统一的用户名和密码，所以"撞库"的人经常都会有所收获。

如何规避常见安全风险，保证自己网络资金安全呢？

(1) 不轻信。一般政府机关、银行或公共事业单位不会直接致电持卡人交谈涉及费用的问题，更不会直接"遥控指挥"持卡人去 ATM 等没有银行工作人员在场的地方进行转账，接到这样的电话，应不予轻信。

(2) 不回应。对可疑的语音电话或短信不要回应，应直接致电相关公共事业单位或发卡银行客户服务询问。

(3) 不泄露。注意保护身份资料、账户信息，而且在任何情况下，不要告诉陌生人卡号、身份证号码、银行卡号、手机验证码等。

(4) 不转账。为了确保银行卡资金安全，对陌生人"指导"进行 ATM 或网上银行转账要谨慎，谨防上当受骗，为转账、支付交易设立每日限制。

(5) 不扫描来路不明的二维码，不要在蹭 WiFi 时操作账户，为手机设置开机密码、屏幕密码，最好设置双密码，比如指纹和数字共同验证。

(6) 如果手机丢了，第一时间挂失、办理冻结手机银行等。

同时，我们平时也要加强自身网络防范意识，抵御网络风险，做好以下几个方面的工作。

(1) 核对网址，妥善保管个人信息。进行网上购物或进入网上银行交易时，不要从来历不明的网页链接访问银行网站，同时，在进入银行网站时，务必核对网址，建议可以使用网上银行"防伪信息验证"服务，防止进入假网站。另外，特别注意应在任何情况下保护好账号和密码，不要泄露给别人。不要相信任何通过电子邮件、短信、电话等方式索要账号和密码的行为，若有疑问，请致电客户服务热线。

(2) 使用并保管好数字证书。即使假网站、"木马"病毒通过诈骗等手段获得了用户的账号、密码等信息，只要使用了数字证书，照样可以确保安全使用网上银行。当证书下载成功后，建议将证书设置为可导出，保存在 USBKEY 内，并做好证书备份。这样，当电脑重新安装系统或证书损坏时，可以将备份好的证书重新导入电脑中，从而保证正常的使用网上银行。

(3) 安装防毒软件，避免在公用计算机上使用网上银行。建议使用安全正版的防范病毒软件并及时更新版本和病毒识别码。最好不要在公共场所，比如网吧、公共图书馆等地方使用网上银行。使用完网上银行后，切记点击"退出登录"，退出网上银行页面并及时清理上网历史记录。

(4) 及时确认异常状况。如果在陌生的网址上不小心输入了银行卡号和密码，并遇到类似"系统维护"之类的提示，应当立即拨打相关银行的客户服务热线进行确认。万一资料被盗，应立即进行银行卡挂失和修改相关交易密码。

(5) 定期查看"历史交易明细"。做好交易记录，定期打印网上银行业务对账单，做到尽早发现问题，尽早解决问题。

(6) 充分运用各项电子银行增值服务。可以申请开通银行的账户短信变动通知服务，无论存取款、转账、刷卡消费，还是投资理财，只要账户资金发生变动，在第一时间就能收到手机短信提醒，以实现对个人账户资金的实时监控。还可以申请开通网上银行登录提醒短信服务，在每次登录网上银行时均会短信通知，如发生异常，应立即与银行联系，避免损失。

第二节　"互联网+"道德

"互联网+"道德是指以善恶为标准，通过社会舆论、内心信念和传统习惯来评价人们的上网行为，调节网络时空中人与人之间以及人与社会之间关系的行为规范。网络道德是时代的产物，与信息网络相适应，人类面临新的道德要求和选择。网络道德是人与人、人与群关系的性能行为法则，它是一定社会背景下人们的行为规范，赋予人们在行动或行为上的是非善恶判断标准。

一、"互联网+"道德的基本原则

"互联网+"道德原则指网络社会道德关系的基本行为准则，是网络礼仪和规范的集中概括，也是网络伦理关系的最集中表现。

1. "互联网+"道德的自由原则

网络社会为其主体提供了相对自由的空间，网络主体行为的自由程度相对于传统社会而言，已经发生了实质性的变化。网络道德的自由原则是指在网络空间里，行为主体有根据自己的意愿选择自己的生活方式和行为方式的自由，有充分表达自己意见和观点的自由，任何组织、个人、其他网络主体不得干涉他人正常的自由行为，压制别人正常的、应有的言论自由。在这里，我们是从一般伦理意义上讲的，把自由作为一种道德原则和要求。事实上，自由也是网络道德行为的主体所应享有的权利。一般来说，网络主体享有自由的权利，但不应以行使自由权利为由，妨碍其他网络主体所应享有的自由，其他主体的自由权利同样要受到应有的尊重。

2. "互联网+"道德的平等原则

每一个网络主体在网络社会的正常活动中都享有平等的社会权利，并平等地履行社会义务，这一点与传统社会的民事主体比较一致。但应注意的是，网络社会的主体结构特征表现为他们都具有某个特定的网络身份，即用户、网址、口令，网络所提供的一切服务和便利，网络主体均应得到。同时，网络主体应该遵守网络社会成员的所有规范，并履行作为一个网络主体所应履行的义务。无论网络主体的实际社会地位如何，职务和个人爱好如何，文化背景、民族和宗教如何，在网络社会中，网络主体都只是一个带网址的普通的"代码"。网络不创造特权，同样反对特权，每一个上网者都应持平等的心态，既不要把自己置于高于他人的地位，也不要把自己置于低于他人的地位。

3."互联网+"道德的公正原则

在网络社会中，对每一位网络主体或用户都应该做到一视同仁，不应该为某些人制订特别的规则并给予某些用户特殊的权利。作为网络主体，既然与别人具有同样的权利和义务，那就没有理由强求网络社会能给予和别人不一样待遇，或者说享有特权。一个网络主体当打开电脑发出一组信息时，会被计算机系统转化为一组组以1、0代码构成的比特(bit)，在通信线路上按通信协议送到它该去的地方，这一组组比特没有任何可以让网络系统给予特殊照顾的社会标志，计算机只识代码不识人。

4."互联网+"道德的兼容原则

网络道德的兼容原则认为，网络主体间的行为方式应符合某种一致的、相互认同的规范和标准，个人的网络行为应该被他人及整个网络社会所接受，最终实现人们网络交往的行为规范化、语言的可理解化和信息交流的无障碍化，其中的核心内容就是要求消除网络社会由于各种原因造成的网络行为主体间的交流障碍。网络兼容问题起源于计算机网络技术本身，不只是一种经济和技术问题。事实上，网络技术和经济问题本身就蕴含着道德伦理等社会意义。网络道德的兼容原则要求：① 网络主体间行为方式的相互认同；② 网络主体在参与网络社会时，所采取的行为要么被对象一方所接受，要么彼此间遵守共同的规范而放弃某些别人不接受或共同规范不认同的行为方式，求得行为方式的兼容；③ 整个网络社会道德原则和规范的一致，确立共同的道德标准，为网络主体所一致接受；④ 网络交往语言的可理解性。兼容原则作为网络道德的基本原则之一，应当体现出宽容和开放。

5."互联网+"道德的互惠原则

网络道德的互惠原则要求任何一个网络主体必须认识到，他既是网络信息和网络服务的使用者和享受者，也是网络信息的生产者和提供者，当他享有网络社会交往的一切权利时，也应承担网络社会对其成员所要求的责任。信息交流和网络服务是双向的，网络主体间的关系是交互式的，主体从网络和网络交往对方那里得到什么利益和便利，也应同时给予网络和对方什么利益和便利。互惠原则集中体现了网络行为主体的道德权利和义务的统一。享有权利时不应忘记所承担的义务，承担义务时也不应当忘记自己所应享有的权利，不应有只享受权利不承担义务的主体，也不应有只承担义务而不享有权利的主体。

6."互联网+"道德的自主原则

自主原则是全民原则中的自由原则、平等原则和公正原则在个体道德原则中的体现。按照全民原则，假如网络主体能够获得意志自由、社会权利和义务上的平等，具有消除不平等的权利，则对于网络社会的个体而言，必定要表现为自主，也就是他自己作为目的而不是作为手段而存在。以此为出发点，若一个人要想成为真正意义的人，就应该不受约束地自主决定他可以决定的最佳利益。如果某个主体的自主权被剥夺，就说明该主体并没有被作为应该受到尊重的人来对待，就不具有自主性，这就是自主原则的主要内容所在。

7. "互联网+"道德的承认原则

承认原则是自主原则在处理社会或他人对自己应有的尊重关系时所应遵循的一个重要原则。它要求不论网络社会如何技术化、虚拟化,网络的真正主体是人而不是机器、设备。这种尊重,首先就表现为对自己的重视,为某人对某事自愿表示意见一致,即所谓的"承认""同意""认可",而要使承认有意义,就必须使某人对某事有比较清楚的了解,能及时作出是非判断。某人在对某事表示承认时,应当选择正确的评价标准,并从网络社会的整体利益出发,而不是仅凭个人的喜好来决定。

8. "互联网+"道德的无害原则

无害原则要求任何网络行为对他人、对网络环境、对网络社会至少是无害的,人们不应该利用计算机和网络技术对其他网络主体和网络空间造成直接的或间接的伤害。毫无疑问,这是最低的道德标准,是网络伦理的底线,是评价网络行为的最初的道德检验。网络主体的行为是否有害,行为人应有基本的判断标准和评价能力。对网络或其他主体造成损害或破坏,行为人如果是故意的行为,即明知其行为会造成危害和破坏的结果还从事了相应的行为,则认为是违反了此项道德原则,应承担道德责任;如果是因为过失或无过错造成损害或破坏的后果,则不应认为是违反了此项道德原则,不应承担道德责任。

二、"互联网+"道德缺失的表现

"互联网+"道德缺失的主要表现在以下几个方面:

(1) 网络谣言肆无忌惮。谣言作为一种普遍的社会舆论现象,常以口口相传的方式进行传播。随着互联网的兴起与普及出现了网络谣言,伴随手机、即时通信工具、微博等新兴信息技术的运用,网络谣言呈激增之势。与一般谣言相比,网络谣言无须面对面传播,其具有传播速度快、范围广、途径多、危害大等特点,容易对人们的日常生活、社会稳定、国家形象造成严重影响,应当引起全社会高度警惕。

(2) 个人隐私暴露无遗。网络为人们进行信息交流提供了无限可能。在信息的海洋中,公共信息与私人信息同在,人们在共享他人信息的同时,经常以牺牲个人信息为代价。当我们感到整个世界变得越来越大的时候,事实上个人的私人空间却变得越来越窄。在网络世界里,任何一个人只要拥有一台电脑、一个调制解调器和一部电话,就很容易一览他人的私人信息。互联网便捷了信息的联络,但也使个人的隐私信息暴露无遗。

(3) 网络诈骗层出不穷。网络欺诈是指利用网络技术在网络上通过非法编制诈骗程序、发布虚假信息、篡改数据资料等手段,非法获取信息、实物或金钱等网络违法行为。网络诈骗比其他诈骗更具隐蔽性和欺骗性,其诈骗手段更是层出不穷,常见的有黑客诈骗、网友诈骗、网络钓鱼诈骗等多种形式。网络诈骗严重危害人们的生命财产安全,甚至会危及社会秩序和国家安全。

(4) 网际关系疏离冷漠。随着信息网络的普及,人们的交流变得更加便捷和多样,这极大地增加了人们的互动频率,如果善加利用,在很大程度上可以促使人际关系更加亲密。但由于网络信息的简单化和网络空间的虚拟化,反而疏离冷漠了人际关系,现实社会中那种温情脉脉的人际关系在网络空间中异化为以网络和数字符号为中介、在超文本多媒体链接中实现人—机—人互动的冷冰冰的网际关系,具有了虚拟性、不确定性等特征。网际关系已严重危及人际关系的正常状态，使人们之间的距离变得越来越远，人们之间的关系变得越来越淡。

三、"互联网+"道德缺失的对策

网络伦理失范造成了网络生活的失序，严重冲击了真实社会生活的伦理秩序。网络社会中出现的各种伦理失范问题，亟需根据其根源有针对性地进行治理。完善立法、严格执法，用法律来规范广大网民的网上行为，加强网络伦理规范建设，是促进网络社会健康发展的重要措施和保障。"互联网+"道德缺失的对策主要表现在以下几个方面：

(1) 加强网络伦理规范与法律规范教育。虽然道德与法律具有一定的界限，但道德往往是法律的基础，法律则是最低限度的道德。一个不违反道德的人，一般也是一个遵守法律的人。因此，治理网络伦理失范必须道德与法律双管齐下，并将法律作为最终保证。现实中，许多人对网络这个新鲜事物缺乏必要的认识和了解，经常把网络社会生活当成一场娱乐和游戏，而不像在现实生活中那样认真对待。因此，要使人们遵守道德和法律规范，首先必须在思想观念上加以重视，使之在思想上意识到网络社会存在着与现实社会相同的道德原则与伦理规范。为此，政府机关和网络管理部门需要不断加强网络伦理规范和法律规范的教育和宣传力度，通过教育活动使广大网民充分认识到网络伦理的重要性，在网络生活中切实做到用道德良知和法律规范约束自己。

(2) 建立健全网络立法。网络空间不仅是一个道德空间，同时也是一个法治空间。离开了法律的规范，网络伦理就失去了坚强后盾。为确保网络的畅通和健康发展，世界各国都制定了相应的法律法规。为顺应网络时代发展需要，我国 1997 年修订的刑法中首次针对计算机犯罪作出了明确规定。2003 年，我国又颁布了《互联网文化管理暂行规定》。近年来，我国政府先后颁布了《计算机信息系统安全保护条例》《互联网信息服务管理办法》《互联网电子公告服务管理规定》《计算机软件保护条例》《互联网站从事登载新闻业务管理暂行规定》等法律法规。这意味着我国网络社会向着法治化与规范化的方向迈出了重要一步。但随着网络技术的发展与普及，网络违法与犯罪的情形日益严重，但与此同时，我国诸多有关网络空间的立法尚处于空白状态，一些现存的网络法律规范则与法治化要求相差甚远，网络立法效力的层次有待进一步提高，调整范围有待进一步扩大，操作性有待进一步加强。

(3) 加强网络安全执法。天下之事不难于立法，而难于法之必行。严格执法是保证网络安全、防止网络伦理失范的重要保障。目前，我国网络法律执法力量还十分薄弱，执法力度明显不足。最为突出的表现就是，由于网络违法犯罪行为一般都是在高科技领域发生，我国执法人员在这方面缺乏足够的训练，执法力量薄弱，面对网络违法犯罪行为很难及时有效展开工作。因此，需要不断提高执法人员的科技水平和法律素养，建立一支精通业务的执法队伍，有效防止和打击网络违法犯罪行为，为网络伦理的良性运行奠定可靠基础。

总之，网络伦理失范的原因是多方面的，网络伦理建设也将是一个艰难、复杂而长期的过程，这需要全社会的共同努力。只有从思想、文化与制度等各方面协同并进，通过立法、执法、法律教育和宣传等各种手段共同营造良好的网络社会环境，才能不断推进人类社会文明进步。

第三节　"互联网+"法律

一、"互联网"法律法规

早在 2010 年以前，国家颁布并实施的"互联网"法律法规达到 50 多部，涉及到互联网安全、互联网信息服务、互联网网站管理、互联网文化管理、互联网药品管理、互联网软件管理等方方面面。这些法律法规确立网络安全保护和网络社会治理的基本原则、基本制度，明确政府、企业、个人各个主体的基本权利和义务。发展和规范国家网络空间，符合网络应用和发展，虽然有许多相关的法律法规，但是并没有形成完整的法律体系。

近年来，我国自媒体数量急剧增长，已形成多媒体、自媒体共同发展的格局，给我国意识形态和文化信息安全带来隐患。当前，我国在舆论环境的监督和治理方面，存在多方滞后的问题，无法适应"互联网+"时代的快速发展，主要表现在以下几个方面：

(1) 法治建设不完善。网络立法滞后，缺乏前瞻性，层级也较低，缺乏权威性，而且立法较分散，缺乏系统性和协调性。我国针对传播内容的立法是按照图书、报纸、期刊这样划分，分门别类立法，导致现有法律法规对新媒体与传统媒体传播内容的监管标准不一。

(2) 治理理念滞后。当前我国仍然沿袭长期以来形成的行政管理模式，对网络空间采取管制方式。这针对的是信息传播渠道，并未实现对源头炮制者的制约，实质是治标不治本。总体来讲，政府在网络建设与管理中服务、法治和治理理念缺失，存在"二多二少"的问题，即政府充当控制网络负面功能的管理者角色居多，承担引导各方网络空间治理主体良性互动的服务者角色少；政府单向采用简单行政管理手段居多，借助网络优势创新治理手段少。

(3) 管理技术和管理职责相脱节。一方面，作为治理主体之一的政府在治理方式、能力、技术和资源等方面难以适应"互联网+"时代的需要。例如，内容监管技术手段滞后于网络应用技术发展，政府在利用大数据、云计算等技术分析并预测社会问题方面有待加强。另一方面，网络空间治理缺乏有效的协同治理机制，中介组织、行业协会等社会组织发展速度慢、独立性不足，无法承担部分网络市场监管职能。

二、"互联网+"法律现状与发展

(一) "互联网+"的法律现状

互联网对传统行业的改造与颠覆，对于法律行业而言有着重大意义。然而由于行业的特殊性和专业性，目前鲜有公司愿意尝试将法律同互联网结合。

互联网法律服务平台或法律电商其实很早就有了，但一直做得不温不火，众多互联网法律服务平台最后都沦为了客户在平台上提问，律师回复"请到所内详谈"的模式，其实，这样的服务完全就没有意义，这也许是"互联网+法律"最原始的形态。

"互联网+法律"到底是什么，业内还没有定论，但在法律人的创新下，使得信息传播的成本大幅下降，传播速度大幅提高，病毒式营销再也不是其他行业的专属，法律行业也可以打造 100 000+阅读量的文章。不论是在朋友圈还是知乎，高质量的文章总能获得广泛转发和点赞，而在这个过程中，也使得文章背后的作者或公众号在法律圈子里获得曝光，逐渐建立起个人的品牌，甚至因此而带来源源不断的客户。

同时，法律平台通过举办各种线上线下活动、讲座培训等，汇聚天南地北的法律人。在这个互动过程中，既拉近了各地法律人的距离，也消除了法律行业的信息不对等现象。通过借鉴互联网的思维，将案件的流程及时展现给客户，客户可以像查快递那样，通过手机随时查询案件的进展，将工作流程模块化。

现有的"互联网+法律"主要有以下几种模式：

(1) 检索导流类：最传统的"互联网+法律"玩法，代表企业有"中顾网"、"找法网"。与其他信息平台一样，该类网站上罗列了律师的照片、姓名、联系电话和基本介绍，有法律需求的用户凭以上信息选择律师并进行线下沟通。

(2) 法律工具类：此类网站以"法大大"和"无讼案例"为代表。"法大大"以电子签名为服务切入点，采用实名认证技术、可靠的电子数字签名技术、时间戳技术及防篡改技术，确保电子合同签署的法律效力。"无讼案例"则是律师端较为热门的案例搜索工具，已积累超过 1000 万的法律相关案例。

(3) 交易平台类：这也是目前最常见的"互联网+法律"模式。在此模式基础上，又衍生出专注知识产权领域的"知果果"，提供标准化法律产品的"绿狗网"和"快法务"，以及通过独创的律师竞标模式、第三方平台支付监督等实现法律服务保障的"赢了网"。

(二) "互联网+"法律发展

移动互联网时代，法律服务市场生态有四个维度的变化，具体表现如下：

(1) 服务信息获取方式和用户前置行为的移动化。用户的时间被碎片化，移动互联网成为获取信息和服务的主要方式。当事人在正式委托律师前，一定先进行两个动作：一是律师服务信息的获取，二是法律咨询。以前这两个动作是在 PC 上完成的，现在有八成的网民是在移动互联网上完成的。

(2) 法律口碑的可评价化、可度量化。移动互联网为律师的服务、口碑、专业提供了可以被评价和量化的可能。在本质上解决的是服务信息的不对称，建立的是信用机制。

(3) 专业垂直细分化和品牌定位精准化。在 PC 时代，线上是基于广告模式，更多是信息的推送和检索，核心是信息。在移动互联网时代，服务是响应式的，内核是基于服务与口碑的，这是与 PC 时代最大的不同。没有专业的垂直细分化，就没有品牌定位的精准化。

(4) 客户关系的紧密化、作业方式的去中心化。基于智能设备和应用的交互方式的改变，服务需求可以即时响应，持有移动智能设备，作业方式也不局限于电话沟通和等候在办公室，在等红绿灯期间、在庭审休息期间、在咖啡厅品尝咖啡期间，来自于不同用户群、不同地理位置的需求已被响应，这里面有无尽的可能。这是重构客户关系和作业方式的机会。

三、"互联网+"法律创新应用

"正义不仅应当实现，而且应当以看得见的方式实现。"在浙江省两会期间，浙江省人大代表、浙江台温律师事务所主任柳正晴认为，司法接入互联网，是司法机关对自己的一种自信表现，起诉书、判决文书等上网后，接受的是全民的监督，所有人都可以挑刺。这一说法展现了借力互联网，打造法治浙江的更多可能性。

互联网的特质是公开透明，而公开透明正是实现司法公平正义的必要方式。如何让人民群众在每一个司法案件中感受到公平正义？除了遵循司法程序、依法审理案件，还应创造充分条件，让司法接受公众监督，提高司法人员的专业水平，更好地为民众服务。

在司法接入互联网方面，浙江省已有许多有益的尝试和经验。如杭州西湖区法院在国内首创的网上法庭模式，不仅诉讼双方当事人不用跑法院，而且整个诉讼过程在网上公开，接受人们的评点、监督。又如浙江省法院系统正大力打造的"智慧法院"，为全省律师提供网上诉讼服务的"浙江法院律师服务平台"，以及运用微信方式查案、判决书上网等，这些都是互联网技术在司法系统的运用，顺应了司法改革与时代发展的潮流。

司法的"互联网+"还可以有更多种方式呈现。就拿网上直播而言，日前北京市海淀区法院在微博上对快播涉嫌传播淫秽物品牟利案进行视频直播，引起巨大反响，虽说案件本身引起不少争议，但法院此举值得点赞。从直播看社会舆论关注点，既有利于提高判案水平，也可以让更多人从案件了解司法程序与相关法律。特别是针对一些重大案件和公众热点关注案件，必要时法院和审判人员应积极主动回应舆论，做好案件审理解释工作，提高司法公信力。当然，这里说的是那些依法可以公开的案件。

在法律服务方面，互联网也可提供更多便利。当一个人要打官司，他首先想到的可能是找一个好律师，然后才可能会是了解怎么走司法程序。在这方面，目前国内陆续出现一些网上律师服务平台。比如有的平台借助微信、APP 把不同的律师事务所和律师联结在一起，为人们提供法律咨询服务，方便当事人找到自己满意的律师。这一领域的社会需求极大，吸引了社会资本和律师从业人员的参与热情。司法部门可顺应这一社会趋势，结合普法和"律师进社区"活动等，积极加以鼓励与倡导。

法律服务业的"互联网+"时代还仅仅是个起步，当法律服务业遇上"互联网+"，或许并不像其他领域那样容易嫁接。一方面，法院所接收的案件呈爆炸态势；另一方面，当事人对于上法院打官司又多抱有戒心，厌讼的情绪仍然笼罩着大多数人。只有司法圈与法律服务圈的交融，才能成为完整的"互联网+"法律生态圈，也唯其如此，才能大幅提升司法公信，并真正改变中国人的法律消费习惯。

在今天，"互联网+"是社会发展趋势，在未来，"互联网+"就是生活本身。借力互联网，打造法治互联网，说到底就是适应时代变化，结合新技术手段，尽最大努力去打造司法公平正义。这样，不仅可以以看得见的方式实现司法正义，而且能让人们感觉正义就在身边，触手可及。

四、"互联网+" 道德与法律典型事件

事件 1：用支付宝做"刷单"兼职被诈骗

2017 年 2 月 6 日 18 时许，杨女士在家中休息，其间手机收到一个陌生网站发来的"网上刷单"兼职，并称每次刷单会返还 5～10 元的好处费。百无聊赖的杨女士觉得有利可图，便按照"客服"发来的一个网店二维码，进店自费购买了一件衣服，几分钟后，杨女士便收到本金和 10 元好处费。之后，"客服"不断加大购买金额，直至 20 时许，杨女士通过支

付宝一共转账 29520 元。此时,"客服"要求杨女士继续购买 29160 元的物品,才能将前一次的本金及好处费归还。杨女士这才察觉不妥,直至次日,她也没收到还款,于是报警。

5 月 27 日,警方以犯罪嫌疑人陈某涉嫌诈骗罪向检察院提请审查逮捕。侦查机关查明,2017 年 2 月份开始,陈某使用个人 QQ 账号和支付宝账号在网络上以每个人民币 100 元的价格购得支付宝账号,再通过网络以每个人民币 130 元至 150 元的价格卖给别人,从中赚取差价。之后,购买支付宝账号者利用购得的支付宝账号在网络上实施诈骗行为。经查实,陈某所卖出的其中一个支付宝账号就是对被害人杨女士实施诈骗所用的支付宝账号。

检察官介绍,针对陈某一案,我们应妥善保管好自己的支付宝、微信等资金账号,不要轻易向他人泄露资金账号及密码,不要买卖资金账号或者将账号随意借给他人使用。而杨女士的遭遇也说明,不可盲目相信陌生人,防人之心不可无,要冷静分析对方言语的真实性,不轻易将钱财转给陌生人;对于一些不合常理的高额报酬或者突如其来的巨额财产,不要轻易相信,切忌有贪小便宜的心理;万一发现被骗后,要及时保存好嫌疑人信息、转账记录等相关证据材料,并向公安机关报案。

事件 2:男子被工友盗刷支付宝"蚂蚁花呗"

2017 年 5 月 13 日 15 时许,犯罪嫌疑人梁某以借用手机为由取得工友罗先生的手机后,在对方不知情的情况下,利用重置密码的方式登录罗先生的支付宝账户,并利用支付宝的扫描支付功能,扫描了四个虚拟商户的交易二维码,通过罗先生支付宝中"蚂蚁花呗"成功交易,支出金额共 7397 元。得手后,犯罪嫌疑人梁某将上述交易金额套现,扣除手续费后,梁某取得赃款共 6287 元。

检察官解释,犯罪嫌疑人梁某通过重置密码的手段进入被害人的支付宝账号,并通过"蚂蚁花呗"支付虚假的商品交易,然后套取资金,上述行为均是在被害人不知情的情况下实施的,而梁某套现后并没有将相关情况告知被害人,而是将套取的资金用于个人支出。检察官认为,梁某以非法占有为目的,秘密窃取他人财物,数额较大,涉嫌盗窃罪,梁某被检察机关提起公诉。

本案涉及支付宝"蚂蚁花呗"被盗刷,属于较为新型的犯罪手段,我们日常在使用支付宝账户时,记得要及时退出登录。此外,由于使用密码登录支付宝账户存在利用手机短信重置登录密码的风险,故建议开通支付宝的刷脸登录,因为人脸是支付宝账户所有人的专有特征,他人无法盗用,同时,尽量关闭"小额免密支付"等不需要输入支付密码即可进行付款的功能。

事件 3:"抢盐风波"事件

2011 年 3 月 11 日,日本东海岸发生 9.0 级地震,地震造成日本福岛第一核电站 1—4 号机组发生核泄漏事故。谁也没想到这起严重的核事故竟然在中国引起了一场令人咋舌的抢盐风波。从 3 月 16 日开始,中国部分地区开始疯狂抢购食盐,许多地区的食盐在一天之内被抢光,期间更有商家趁机抬价,市场秩序一片混乱。引起抢购的是两条消息:食盐中的碘可以防核辐射;受日本核辐射影响,国内盐产量将出现短缺。

经查,3 月 15 日中午,浙江省杭州市某数码市场的一位网名为"渔翁"的普通员工在 QQ 群上发出消息:据有价值信息,日本核电站爆炸对山东海域有影响,并不断地污染,请转告周边的家人朋友储备些盐、干海带,一年内不要吃海产品。随后,这条消息被广泛转发。16 日，北京、广东、浙江、江苏等地发生抢购食盐的现象，产生了一场全国范围内的辐射恐慌和抢盐风波。

3 月 17 日午间，国家发改委发出紧急通知强调，我国食用盐等日用消费品库存充裕，供应完全有保障，希望广大消费者理性消费，合理购买，不信谣、不传谣、不抢购，并协调各部门多方组织货源，保障食用盐等商品的市场供应。18 日，各地盐价逐渐恢复正常，谣言告破。

3 月 21 日，杭州市公安局西湖分局发布消息称，已查到"谣盐"信息源头，并对始作俑者"渔翁"作出行政拘留 10 天，罚款 500 元的处罚。

事件 4：女子被狗咬伤谎称救人骗捐事件

2015 年 9 月初，利辛居民李 X 在下班回家途中为救一名被两条大狗追逐的陌生小女孩，自己却横遭不测，被恶犬严重咬伤。事件经多家媒体报道和网络传播后，引发强烈关注，社会各界一边忙着骂狗主人、追查被救小女孩下落，一边捐款给李 X 治病。

可是！有媒体追踪报道后，剧情迅速"逆转"。警方称，女子是在朋友家中喂狗时，被朋友养的狗咬伤，并不存在救小孩的情节。

而狗的主人，正是李 X 的男朋友……

眼见瞒不住了，李 X 的男朋友只好站出来承认了事实：当晚李 X 在其男友的养狗场被两条跑出笼子的防暴犬扑在地上撕咬，导致其受伤严重，因为所需治疗费用高昂，其男友为了获得社会救助，虚构了这起"见义勇为"事件。截至 20 日，当事人已获得了超过 80 万元的爱心捐款。

事件 5：安徽女大学生称扶老人被讹事件

2015 年 9 月 8 日，安徽淮南师范学院大三学生袁晨骑车外出时，将摔倒在地的老人送往医院，随后被老人指认为撞人者。当晚 21：06，小袁发微博寻求目击证人，为自己并未撞到老人作证。女大学生袁晨的求助微博很快得到网友的评论、转发，网友出于对"被扶老人"群体的敏感，毫不犹豫倒向为支持女大学生，谴责被扶老人。第二天，网友@任梵僮发布微博称自己当时在事发现场，并愿意为袁晨作证。

与此同时，被扶老人及其家属称，老人摔倒当日小袁承认撞倒老人，并承诺会负责。但此说法遭到小袁否认，且并未引起舆论广泛关注。

9 月 13 日，网友@磊磊 0324 在微博上发布了三段视频，其中两段为目击者口述证明小袁曾在事发现场承认撞人，网友@磊磊 0324 称自己"站在老人这边"。而袁晨从 9 月 10 日发布微博表示"清者自清"后，再未回应。

随后，淮南市警方向经多方调查取证，认定这是一起交通事故，女大学生袁晨骑车经过老人身边时相互有接触，袁晨承担主要责任，老人承担次要责任。

"网络是把双刃剑，一方面它弘扬正气，促使人们加强道德上的自律，但又因为它的匿名性使得构建网络健康任重道远！"夏学銮教授的评价，道出了网络的特质。

思 考 题

1. 提高大学生网络道德与法律素质是构建和谐社会的需要，也是大学生健康成长的需要。互联网、信息化时代使得一些学生对网络道德与法律的错误认知，网络法律知识的匮乏、个人自律能力的欠缺等原因，引发了一些网络不良和违法行为。请你结合自身的情况，谈谈如何提高大学生网络道德与法律素质？

2. 近年来，随着互联网的普及，大学生已经是网络最广泛的应用者、最积极的参与者，同时伴随而来的是逐年升高的高校网络诈骗发案率。请你从网络诈骗类型、大学生上网习惯、安全意识等方面谈谈大学生如何防范网络诈骗。

3. 假如在现实生活中，我们正当的权益受到了侵害，你将如何利用互联网去维护和捍卫，谈谈你自己想法。

参 考 文 献

[1]　赵大伟. 联网思维独孤九剑. 北京：机械工业出版社，2014.

[2]　盛佳. 互联网金融：众筹崛起. 北京：中国铁道出版社，2014.

[3]　项建标，蔡华，柳荣军. 互联网思维到底是什么：移动浪潮下的新商业逻辑. 北京：电子工业出版社，2014.

[4]　钟殿舟. 互联网思维. 北京：企业管理出版社，2014.

[5]　《互联网时代》主创团队. 互联网时代. 北京：北京联合出版公司，2015.

[6]　叶开. O2O 实践：互联网+战略落地的 O2O 方法. 北京：机械工业出版社，2015.

[7]　(美)斯蒂芬德森纳(Steven Dresner). 众筹：互联网融资权威指南. 北京：中国人民大学出版社，2015.

[8]　王孝红. 网络时代青少年道德养成教育. 成都：四川人民出版社，2009.

[9]　近水思鱼(黄明国). 手机淘宝运营攻略：开店装修管理推广实战. 北京：人民邮电出版社，2015.

[10]　流年小筑(徐东遥). 我是微商 2：21 天逆天文案修炼笔记. 北京：机械工业出版社，2015.

[11]　跨境电商客服：阿里巴巴速卖通宝典. 北京：电子工业出版社，2015.

[12]　跨境电商数据化管理：阿里巴巴速卖通宝典. 北京：电子工业出版社，2015.

[13]　跨境电商物流：阿里巴巴速卖通宝典. 北京：电子工业出版社，2015.

[14]　跨境电商营销：阿里巴巴速卖通宝典. 北京：电子工业出版社，2015.

[15]　吕本修. 网络道德问题研究. 北京：中国社会科学出版社，2012.

[16]　百度营销研究院. 点金时刻：搜索营销实战思维解读(资深从业人员的经典案例分析，百度营销研究院专家团队的专业整合. 北京：电子工业出版社，2013.

[17]　马化腾. 互联网+：国家战略行动路线图. 北京：中信出版社，2015.

[18]　海天理财. 一本书读懂互联网金融(玩转"电商营销+互联网金融"系列). 北京：清华大学出版社，2015.

[19]　海天理财. 一本书读懂微信公众营销(玩转"电商营销+互联网金融"系列). 北京：清华大学出版社，2015.

[20]　方建华. 微信营销与运营解密：利用微信创造商业价值的奥秘. 北京：机械工业出版社，2014.

[21]　青龙老贼. 微信终极秘籍：精通公众号商业运营. 北京：电子工业出版社，2013.

[22]　徐茂权. 网络营销决胜武器：软文营销实战方法、案例、问题. 北京：电子工业出版社，2015.

[23]　阿里研究院. 互联网+：从 IT 到 DT. 北京：机械工业出版社，2015.

[24] 毕传福. 赢在商业模式，移动互联网时代创新与创业机遇. 北京：人民邮电出版社，2015.

[25] 金璞，张仲荣. 互联网运营之道. 北京：中国工信出版集团电子工业出版社，2016.

[26] 黄成明. 数据化管理洞悉零售及电子商务运营. 北京：电子工业出版社，2014.

[27] 杨东，文诚公. 互联网+金融=众筹金融. 北京：人民出版社，2015.

[28] 贺关武. 电商这么玩才有未来. 北京：电子工业出版社，2015.

[29] 葛甲，朱天博. 互联网基础应用何时谢幕? 网络传播，2012(5).

[30] 胡昌平，杨曼. 论网络信息资源的组织与配置. 情报杂志，2003(3).

[31] 李晓芳，封采. 微博和微信平台的营销差异和运用. 新闻世界，2014(7).

[32] 中商情报网 http://www.askci.com/